引爆趨勢8大巨頭

未來策略

從Apple Car、亞馬遜智慧工廠到微軟混合實境，
提前掌握即將撼動所有產業的科技趨勢

世 界 最 先 端 8 社 の 大 戦 略
「 デ ジ タ ル × グ リ ー ン × エ ク イ テ ィ 」 の 時 代

田中道昭
Michiaki Tanaka

張嘉芬 譯

推薦序

運用標竿學習進行
組織策略的超前部署

詹文男／數位轉型學院共同創辦人暨院長、台大商研所兼任教授

　　在EMBA教學多年，總是提醒同學企業策略超前部署的重要性。但大多數組織通常都有心無力，因為要能夠做好超前部署的前提在於對趨勢發展有所掌握，不過並不是所有公司都有能力，或者有資源可以進行未來研究，因此常有「千金難買早知道，萬般無奈想不到」的感嘆！

　　不過，讀者也不用因此就氣餒。基本上，在進行未來預測與策略思考時有個簡易方法叫做「標竿學習」，即透過同業或異業的觀察與監測來判斷未來的走勢，而其策略亦可作為己身企業策略研擬的參考，很值得運用。

　　大家都知道，由於台灣產業多屬中小企業，較無充分資源從事市場趨勢預測及消費者行為之研究，但對於跨國性的企業則不然，為了維持領先的市場地位及獲取先占者的優勢，這些企業投入大量資源從事新科技的研發，以及消費者行為的了解，因此其

吸引消費者及創造流行的機會相對較高，若能掌握這些跨國性領導廠商的策略發展，對於公司的策略規劃將有很大的參考價值。

　　一般而言，觀測國際集團企業的動向有兩層意義：一為趨吉，另一為避凶。趨吉的意義在於了解這些廠商的未來可能作為，作為追隨策略的參考，或者與之互補分工的依據；避凶則在於預測未來可能的正面衝突，可作預先的部署，或者轉移戰場，或者尋求新的市場空間，以免遭受重大損失。

　　目前市場上引領風騷的廠商，除了過去大家所熟知的GAFAM〔谷歌（Google）、亞馬遜（Amazon）、臉書（Facebook）、蘋果（Apple）、微軟（Microsoft）〕及中國大陸的BATH〔百度（Baidu）、阿里巴巴（Alibaba）、騰訊（Tencent）、華為（Huawei）〕之外，還有在這幾年不斷受到大時代環境的挑戰而銳意革新獲得成功的企業，例如沃爾瑪（Walmart）、特斯拉（Tesla）、賽富時（Salesforce）、派樂騰（Peloton）、星展銀行（DBS）等，也都很值得大家的關注。

　　讀者手上的這本《引爆趨勢 8 大巨頭未來策略》就是標竿學習很好的一本書。作者選擇了沃爾瑪、特斯拉、蘋果、賽富時、微軟、派樂騰、星展銀行及亞馬遜等八家企業作為個案分析的對象，研究內容以公司正在進行的計畫為主題，並非過去大家已熟知的相關業務，如Apple Car、微軟的MR服務「Mesh」、亞馬遜以製造業為客戶的AI服務等。讀者可以從中思考與探索其所以推出這些產品或服務的可能未來想像與需求情境。

　　而最令筆者印象深刻的是，作者除了介紹這些標竿廠商的新

計畫之外，對於如何執行這些計畫以及關鍵人物的作為也有深入的描述。以沃爾瑪為例，作者詳細分析了其透過數位轉型重新建構以「顧客中心主義」為主軸的商業模式，從如何「翻新企業文化」開始，「重新定義企業使命」、「重新定義門市」，而為了因應使命與門市服務的調整與改變，如何「重新定義人才」的整個過程，非常值得想要進行虛實整合的企業參考！

　　整體而言，本書內容除了具未來性，也有很接地氣的實務性，更難能可貴的是作者提供了操作性高的策略性思考架構，讓讀者可以探索己身企業如何從4P到4C，以及如何思考數位轉型的旅程，很值得推薦給所有想做出改變的企業全體員工共讀！

前言

八家「走在最前端」企業的經營策略

德國博世於2020年達成碳中和

　　本書日文版將副書名訂為「『數位×環保×公平』的時代」，背後的原因，其實是來自於我在全球最具規模的資訊展「2021年美國消費電子展」（Consumer Electronics Show，簡稱CES）裡，所受到的衝擊。CES往年都在美國拉斯維加斯舉辦，我每年都會到場躬逢其盛。然而，由於新型冠狀病毒（COVID-19，簡稱新冠病毒）疫情的影響，2021年的活動改以線上形式舉辦。

　　CES的慣例，是每年都會由一場名為「科技趨勢觀察」（Tech Trends to Watch）的演講活動打頭陣，探討這一年的科技發展趨勢。而在2021年的這場演講當中，有幾段話讓我印象特別深刻：

　　「創新總在經濟面臨嚴峻考驗時加速發展，百花齊放。而這

些創新的能量獲得釋放後，經濟就會開始復甦，並為下一波強大的新科技變化浪潮開路。」〔出自英國經濟學家克里斯多福・費里曼（Christopher Freeman）的談話〕

「我們在兩個月之內，完成了原本該花兩年才能做到的數位轉型。」〔出自微軟執行長薩蒂亞・納德拉（Satya Nadella）的談話〕

兩位的描述，正是2020年這一年的寫照。新冠病毒重創經濟的同時，一波名為「數位化」的浪潮，卻也席捲了全世界——從CES公布的數據，也可以很明顯地看出這一點：

「電子商務的交易量，在八週內的成長幅度，相當於十年分。」

「線上預約的件數，在十五天內暴增了十倍。」

「〔在疫情爆發前上線的迪士尼（Disney）官方影音平台〕Disney+僅五個月，訂閱用戶人數就達到網飛（Netflix）歷時七年才累積到的水準。」

「線上學習只經過兩週，就新增了兩億五千萬名學生。」

儘管和全球這些轉變相比，日本推動數位化的起步實在太慢，但在這一波疫情下，因為遠距工作、視訊診療和線上學習等作為，而切身感受到數位科技嘉惠生活的人，恐怕已經多到前所未有的地步。

疫情後續會如何發展，目前還很難說；但數位化的浪潮

今後恐怕只會再更加速發展，絕不會停下腳步。在2021年的CES上，也提出了2021年的六大關鍵趨勢：數位轉型（digital transformation，簡稱DX）、數位醫療（digital health）、機器人與無人機、移動科技（mobility technology）、5G通訊（5G connectivity）、智慧城市。

　　不過，在2021年的CES活動當中，最令我感到震撼的場次，並不是直接以「數位化」為主題的演講活動。

　　汽車零件龍頭——德國博世（Bosch）在專題演講中宣布，旗下營業據點已於2020年達到二氧化碳實質零排放，也就是所謂的碳中和（carbon neutrality）。這在跨國製造業大廠當中，是首開先例的創舉。博世原本就在2019年時，宣示「要在2020年之前，讓全球包括生產、研發和營運在內的近四百處據點達成碳中和」。此舉可說是言出必行、說到做到。

　　博世還打算將這項措施推廣到整個價值鏈。他們要做的，不只是減碳，還包括節能、省水、廢棄物減量在內的永續政策——「博世風格的永續生活」（live sustainable like a Bosch），甚至還在2021年CES的活動舞台上大聲疾呼，令人印象深刻。

　　在博世的發表場次當中，也提到了他們正致力於運用結合物聯網（internet of things，簡稱IoT）和人工智慧（AI）技術的「智慧物聯網」（AIoT），幫助製造業推動數位轉型。這項作為也不僅止於數位轉型的範疇，博世在推動數位轉型的同時，也要讓製造業提升能源效率，進而對減少二氧化碳排放量做出貢獻。至

於在氣候變遷的因應對策方面，博世也在追求落實「博世風格的永續生活」。

以往，在談到於氣候變遷的因應對策上能提出先進願景的跨國企業，以蘋果公司最為人稱道。不過，蘋果是無廠企業，公司旗下沒有自己的工廠。

而博世則是汽車零件的主要供應商，是傳統的製造業，旗下有多處工廠。這樣的企業能做到碳中和，推動的措施堪稱是比蘋果更先進。

在博世的競爭者當中，其實也不乏像電綜（Denso）或愛信精機（Aisin Seiki）等日本的優質企業。然而，我個人實在無法想像日本的製造業在氣候變遷因應策略和數位化的領域上能成為全球產業龍頭，引領業界之先。這個場次的演講，除了讓我確定「環保×數位」已是全球趨勢之外，同時更深切地感受到日本已落於人後。

通用汽車在2021年CES上呈現的「轉捩點」

2021年CES還有一場令我大感震撼的演講，那就是由通用汽車（General Motors，簡稱GM）執行長瑪麗・巴拉（Mary Barra）女士所發表的專題演講。在這場演講當中，儘管通用對電動車領域的深耕，以及發布能以時速九十公里飛行的「飛天車」概念影片，都成功製造了話題。然而，真正讓我大受感動的，卻另有其他段落。

　　巴拉執行長在這場以「轉捩點」（Inflection Point）為題的演講當中，一開始就針對美國拜登（Joe Biden）政府所提出的四大政策——新冠病毒疫情政策（COVID-19）、經濟政策（economic recovery）、種族歧視問題（racial equity）、氣候變遷政策（climate change），談到通用汽車所提出的各項因應之道。尤其在用來因應氣候變遷政策的電動車發展方面，通用汽車提出了「讓每個人都坐進電動車裡」（putting everybody in an EV）的想法，強調要推動旗下車系的電動化。

　　說穿了，其實汽車大廠強調自家企業如何因應氣候變遷問題的舉動，如今早已是理所當然。而通用汽車卻更強調要正視包括黑人問題在內的種族歧視問題，讓我深受感動。我想此舉應該也是在呼應近年來重要性與日俱增的一項價值觀——公平（equity）。

　　不只通用汽車展現了這樣的態度，包括博世在內，參與2021年CES盛會的各家企業，或多或少都有一些共通之處。

　　CES是全球規模最大的科技盛會，同時更是「最具影響力」的電子大展，因此活動當中不僅會介紹最新趨勢，更會揭示今後可望成為大勢所趨的嶄新價值觀。例如有一年，各界都聚焦關注「數據資料的運用」；沒想到另一年，大會又將主題訂為「資料運用與隱私保障的平衡」。

　　而專題演講和各場次活動的演講者，其所發表的內容也都忠實地呈現了這些價值觀的轉變。

「數位 × 環保 × 公平」的時代

　　若要用三個關鍵詞來表達 2021 年 CES 主打的價值觀，那麼應該可以說是「數位 × 環保 × 公平」。

　　數位化是無可避免的潮流，這件事我想已不需要再詳加贅述。然而，與會的各家企業意識到的卻是另一個問題：我們不僅要透過數位化，來讓生活過得更便利，還要在「數位 × 環保 × 公平」三位一體的狀態下，去追求那些便利。

　　本書中會多次提及亞馬遜這家企業。過去，它也以「大數據 × AI」為武器，追求極致的「顧客中心主義」（customer centric）。如今，我覺得就連它都出現了一些質變。以往，在崇尚「顧客中心主義」的同時，亞馬遜其實還有一個負面的面向——對那些沒被視為顧客的中小型零售業者，亞馬遜總會動用「亞馬遜效應」（Amazon effect），無情地將它們殺得片甲不留。

　　然而時至今日，亞馬遜的創辦人傑夫・貝佐斯（Jeff Bezos）創立了贊助教育和扶助特殊境遇家庭的慈善基金會「貝佐斯初日基金會」（Bezos Day One Fund），以及推動氣候變遷對策的「貝佐斯地球基金會」（Bezos Earth Fund），試圖讓亞馬遜轉型為解決社會問題的企業。此外，貝佐斯在每年依例寫給股東的一封信上，也提到「我們要成為一個擁有『地表最佳雇主』的『地表最安全職場』」。以往亞馬遜都是以「成為『地表最崇尚顧客中心主義的企業』」為目標；現在他們還要同時成為「地表最佳雇主」。這可以說是一個大幅度的、更是令人欣喜的轉向。

　　我們不必停下數位化的腳步，也無從停止。不過，就像我們在博世發展智慧物聯網的措施中所見，當今社會所追求的，是能成為氣候變遷對策的數位化，以及能消弭貧富差距的數位化。

　　環保也是一樣。氣候變遷在當代社會是何等重要的課題，自不待言。然而，如今企業要做的，是推動「環保×數位」的相關措施。在2021年3月日本所舉辦的數位轉型高峰會（Digital Shift Summit）上，我和數位改革大臣平井卓也先生受邀對談。平井大臣目前正在推動日本的「數位轉型」，這是個史無前例的難題。他在對談中表示：

　　「今後的五十年，甚至一百年，數位化都不會停下發展的腳步，因此環保與數位化絕對是密不可分。如何以環保的方式，確保數位化所需的電力供給，也是各企業必須思考的問題。」〔《數位轉型時報》（*Digital Shift Times*）[1]，2021年3月8日〕

　　接下來要談的是公平。蘋果公司在2021年時宣布提撥1億美元，來推動「種族平等與正義倡議」（Racial Equity and Justice Initiative，簡稱REJI），以支持那些因為種族歧視等不合理差別待遇所苦的族群。

　　近年來，各界都在推動多元共融（diversity & inclusion，簡稱D&I）。最近還有越來越多企業在這兩者之外，又加上了「公平」，標榜所謂的「多元、公平與共融」（DEI）。新冠病毒疫情

---

[1]　譯註：《數位轉型時報》為聚焦報導數位轉型議題的日本線上媒體。

肆虐，助長了貧富差距的擴大；而越是被歧視和貧困壓得喘不過氣的族群，越會受到氣候變遷問題的衝擊——這樣的社會結構，如今已清楚地攤在陽光下，人們更期盼這個世界能包容、接納多元與個別特質，進而讓它們能得到公平、公正的對待。

於是我更確定了一件事：現在，我們已不能再個別看待「數位」、「環保」和「公平」的議題，而是要用三位一體的方式來思考。如此一來，人類與地球環境才能共創可永續發展的未來。

本書內容

本書將從多個不同領域當中，精選出八家走在「最前端」的企業，探討它們的經營策略。此外，在本書最後，我會將過去在「數位轉型學院」（Digital Shift Academy）舉辦過的「為日本企業擬訂大膽數位轉型策略工作坊」活動內容，整理成約五十頁篇幅的「熱血數位轉型教室」單元。

書中這八家企業有一個共通點，那就是它們都能迅速因應政治、經濟、社會、科技或價值觀的變化，而做出調整。不僅如此，許多企業甚至還主動提出了新的價值觀或世界觀。在此先為各位介紹其中部分內容。

「全球最大零售商」沃爾瑪雖然不是一家數位原生企業，卻成功做到了數位轉型。我相信許多不是數位原生企業的日本公司，都應該以沃爾瑪為標竿。

　　而電動車領域的龍頭特斯拉，則是一家有心建構綠能生態圈的企業。我將以特斯拉創辦人伊隆・馬斯克（Elon Musk）的「再這樣下去人類會滅亡」、「要拯救人類」等強大使命感為基礎，來解讀特斯拉的經營策略。

　　因為「Apple Car」的報導而又再度引發話題的蘋果公司，是在「數位×環保×公平」的加乘概念當中，做法走在時代最尖端的企業之一。他們已承諾「要在2030年之前達到碳中和」，是帶領業界推動創新的先行者。

　　有「全球最強SaaS企業」之稱的賽富時，在經營上的最大特色，就是將「客戶成功」（customer success）融入企業使命、事業結構和營收結構當中。對賽富時而言，客戶的成功與否，直接牽動企業本身的成敗。

　　至於帶動個人電腦時代蓬勃發展，卻在智慧型手機時代被GAFA遙遙領先、望塵莫及的微軟，在祭出「雲端至上」（Cloud First）的政策後，上演了大復活的戲碼。它的下一步，是要發展混合實境（mixed reality，簡稱MR）的平台。

　　在八家企業當中顯得獨樹一幟的派樂騰，成功讓旗下的「健身飛輪車」數位轉型。它以日本企業的強項──「徹底講究細節」作為武器，並透過「數位×實體」的方式，提供優質的顧客體驗（customer experience，簡稱CX），也帶動了企業的迅速成長。

　　而新加坡的星展銀行，則是揭示了「讓數位化深入公司核心」的目標，從守舊的金融業蛻變成高科技企業。如今，星展銀

行已贏得了「全球最佳數位銀行」（The world's best digital bank）的美譽，而他們正準備朝新的使命邁進。

第八家是全球最強企業亞馬遜。它的影響力不斷擴張，現在又將觸角伸向了健康照護和生產製造的最前線。儘管在2021年傳出貝佐斯卸任執行長一職的消息，但他的下一步，是想跨足太空，以及更跌破眾人眼鏡的「解決社會問題」領域。

到了最後一章，我會再針對「數位×環保×公平」進行論述。另外在附錄的部分，則如前所述，會重現我在「數位轉型學院」的課程內容，就目前日本企業最關心的「數位轉型」，提供路線指引。

新冠疫情造成無數人命犧牲，這場前所未有的悲劇，該好好留存在後世子孫的記憶裡。然而，新冠疫情的確促使世人引頸期盼的某些改變，提早了好幾年來到，這個面向也不容抹煞。我身為作者，衷心期盼本書能為那些積極、正向的改變略盡棉薄之力。接下來會詳加描述這八家「走在最前端」的企業，希望各位能將它們展現的創新意志，以及落實力行的表現，應用在日本企業的經營管理上。

［目錄］

第1章　沃爾瑪 Walmart 　　　23
「跟不上時代的全球龍頭企業」華麗轉身

電商事業帶動營收60兆日圓的企業成長

道格・麥克米倫推動的數位轉型

「全球最大零售商」的數位轉型策略① 翻新企業文化

「全球最大零售商」的數位轉型策略② 重新定義企業使命

「全球最大零售商」的數位轉型策略③ 重新定義門市

「全球最大零售商」的數位轉型策略④ 重新定義人才

「live better」的概念逐漸擴大

比GAFA更值得當日本企業的標竿

2020年「在五週內就達成五年分的成長」

重新建構以「顧客中心主義」為主軸的商業模式

以「成為更像媒體的媒體」為廣告平台事業的目標

紮實推動「用數位工具與顧客連結」

層狀結構×價值鏈結構

日本該從沃爾瑪的數位轉型策略中學到什麼？

沃爾瑪

「跟不上時代的全球龍頭企業」華麗轉身

Walmart

電商事業帶動營收60兆日圓的企業成長

　　創立於1962年的沃爾瑪，年營收逾60兆日圓，是「全球最大零售商」。亞馬遜的年營收也才只有42兆日圓，日本永旺（Aeon）集團的年營收更只有8.6兆日圓。把這些數字一字排開之後，想必各位應該就不難看出沃爾瑪是何等龐然大物了吧。

　　說到沃爾瑪的代名詞，當然就是「天天都便宜」（everyday low price，簡稱EDLP）了。沃爾瑪廢除「特賣」制度，強調一年到頭都低價的做法，不僅在美國大受歡迎，更贏得了全球消費者的愛戴。

　　沃爾瑪在2021年度（自2020年2月至2021年1月）的營收是5592億美元（相當於60兆2200億日圓），員工總數逾兩百二十萬人。就連新冠疫情在全球蔓延的高峰，也就是2020年的2月到4月（第一季），現有門市的營收都還較去年同期成長了10%，寫下近二十年來最高的營收成長紀錄。

　　令人意外的是，帶動沃爾瑪營收交出亮眼成績的，竟然是電商事業。這幾年來，沃爾瑪推動「全通路化」的發展，也就是運用既有門市搭配線上業務，以便透過各種不同通路銷售商品的傾向，非常鮮明。詳細內容後續我會再進一步說明，在此僅先列舉沃爾瑪在數位轉型的過程中，最具代表性的幾項先進作為：

- 門市取貨與配送（store pickup & delivery）：顧客可透過手機應用程式（app）下單，再到門市取貨的服務。服務

範圍涵蓋超過七千三百家門市。

- InHome Delivery：送貨入府，將食材直接配送到顧客家中的冰箱裡。
- NextDay Delivery：隔日配送，服務涵蓋範圍達全美人口的75%。

根據2021年度的財報顯示，沃爾瑪在美國的電商營收約為430億美元。沃爾瑪僅花了三年的時間，電商營收就從2018年的115億美元，成長了將近四倍之多。此外，沃爾瑪在資訊科技（IT）與電商等數位方面的投資金額也顯著增加，甚至比投資在門市新開幕或改裝方面的金額還高出許多。觀察2021年第四季的營收表現，電商較前一季成長了69%；此外，電子市集（e-marketplace）事業、門市取貨與配送領域的成長尤其顯著，成長率逾100%。

道格・麥克米倫推動的數位轉型

直到幾前年，都還有人譏諷「沃爾瑪已經是個跟不上時代的企業」，而沃爾瑪這一波勢如破竹的成長，讓這些過去彷彿只是個笑話。在這個電子商務的全盛時代，沃爾瑪的聲勢，確實曾一度被「什麼都能賣」的亞馬遜凌駕，讓這家「全球最大零售商」的存在感黯然失色。沃爾瑪為什麼能絕處逢生，還將業績推升到這樣的地步呢？原因無他，靠的就是數位轉型的加持。

而讓沃爾瑪脫胎換骨的關鍵人物，就是2014年上任的執行長道格·麥克米倫（Doug McMillon）。麥克米倫學生時期曾在沃爾瑪打工，畢業後便進入沃爾瑪任職，曾歷任會員制超市（會員制批發大賣場）山姆會員商店（Sam's Club）執行長，以及沃爾瑪國際部門執行長等職。

麥克米倫甫一上任，就祭出了數位轉型的政策，積極轉投資或收購電商企業，其中又以收購網路購物的新創公司「Jet.com」一役為契機，讓沃爾瑪追求數位轉型的態勢更趨鮮明。經過這一波收購，沃爾瑪獲得了推動數位化所需的資源，並延攬Jet.com的共同創辦人馬克·洛爾（Marc Lore）擔任電商部門的總舵手。

圖表1-1是麥克米倫在接下沃爾瑪執行長一職前後迄今的股價走勢。在他上任後，股價雖曾一度低迷，但在收購Jet.com之後，便開始止跌回升。

而沃爾瑪變更公司名稱的動作，也象徵了他們在數位轉型上的決心。2018年2月，原本的沃爾瑪商店（Walmart Stores）更名為沃爾瑪（Walmart）。此舉等於是對公司內外宣示他們不再是個只有實體門市的沃爾瑪商店，還要連同電子商務及其他事業一併推動數位轉型。關於這件事，稍後我會再詳加敘述。

麥克米倫執行長的功勳之一，就是宣布要「結合消費行為當中的線下門市與線上顧客」，讓沃爾瑪的商業模式升級。

接下執行長大位後，麥克米倫在2015年的年報上，提出了以下的經營方針：「不論顧客的家戶所得是高是低，我們都要為每一位重視價值的顧客提供服務，所以我們要隨時努力追求低

圖表1-1　沃爾瑪股價走勢

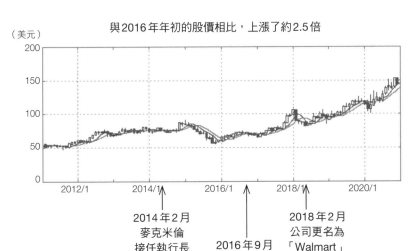

（美元）

與2016年年初的股價相比，上漲了約2.5倍

2014年2月
麥克米倫
接任執行長

2016年9月
收購電商Jet

2018年2月
公司更名為
「Walmart」

價。而EDLP可從門市和線上這兩個方向著手，建立顧客對我們的信賴——在價格越來越透明的數位時代，這件事顯得格外重要。為了在價格上發揮主導優勢，我們會透過改善供應鏈、製程和其他各方面的效率，來持續推動EDLP。」

「我們有一萬一千多家門市，還有網站和行動app，讓顧客能經由更多方式來到沃爾瑪。（中略）我們要竭盡全力，成為無縫整合線上商店和線下門市的零售龍頭。」

那麼，沃爾瑪究竟做了什麼事？麥克米倫執行長在2020年2月所舉辦的一場投資人說明活動上，以「數位轉型」為核心，提出了以下四項作為：

- 重視顧客關係。
- 門市取貨與配送。
- InHome Delivery。
- 提高門市生產力，以解決顧客的所需。

然而，光是這些，還不足以完整說明沃爾瑪的數位轉型。

「全球最大零售商」的數位轉型策略①
翻新企業文化

　　沃爾瑪過去是最具代表性的「非數位原生企業」，更是有可能被數位原生企業淘汰的「舊經濟」（old economy）。它究竟是如何讓數位轉型成功達陣？改革商業模式的相關案例，後續我會再詳加敘述。首先值得一提的，是沃爾瑪「不惜連企業文化都翻新」的這個事實。

　　關於企業文化的翻新，其中最具代表性的，就是在2018年2月時，將公司名稱由沃爾瑪商店更名為沃爾瑪的決策。其實當初沃爾瑪的創辦人山姆・沃爾頓（Sam Walton）在1962年開設第一家門市時，店面前掛的招牌就是「Walmart」，幾年後才以「Wal-Mart, Inc.」的名義成立公司法人，到了1970年股票上市時，才又將公司名稱變更為「Wal-Mart Stores, Inc.」。而這次睽違近五十年，又恢復使用「Walmart」這個名稱，其實並非單純的更名。

在向大眾說明公司更名的新聞稿（2017年12月6日）當中，有以下這樣的描述：

「不論是在門市、線上商店、app、口頭下單，或甚至是今後問世的任何採買方法，在顧客心目中，就只有獨一無二的『沃爾瑪』。我們期盼顧客在採買時，能享受簡單且無縫接軌的消費體驗。」

此時，麥克米倫執行長更宣布要讓沃爾瑪「成為科技公司」。他向公司內外表示，未來將不再拘泥於實體門市的「沃爾瑪商店」，而是要讓業務轉型為包括電商和其他銷售型式在內的服務。此舉成功將「像科技公司一樣求新求變」這個全新企業DNA，植入了沃爾瑪。

「全球最大零售商」的數位轉型策略②

重新定義企業使命

在翻新企業文化的同時，「重新定義企業使命」可說是沃爾瑪數位轉型策略的本質所在。

沃爾瑪的企業使命，是「saving people money so they can live better」（以下簡稱 live better），也就是「幫助顧客省錢，讓他們生活得更美好」的意思。自沃爾瑪創立以來，這個企業使命就一直延續至今。

2016年6月3日，在沃爾瑪的企業官方網站上，刊出了〈沃爾瑪的故事〉（The Story of Walmart）這篇文章。麥克米倫在這

篇文章當中，對創辦人的這番話，做了以下這樣的解讀：

「他（山姆‧沃爾頓）曾說過：『我們要為世界提供機會，讓人們有機會懂得如何透過節約，享受更優質的生活型態，以及更美好的生活。』讓人們懂得節約，進而享受更豐富的生活——我們的目的其實很明確。」

沃爾瑪的企業使命，就是這麼簡單、明確。

以往在沃爾瑪，這項使命所帶來的結果就是「便宜的商品」。EDLP廣受消費者好評，將沃爾瑪推上了「全球最大零售商」的寶座——這是沃爾瑪發展的歷史軌跡。

然而時至今日，對零售業而言，「便宜」只是經營上的大前提，光靠「便宜」已漸漸吸引不了消費者的青睞。而這也是亞馬遜等電商平台除了價格便宜之外，還挾著品項豐富、配送迅速等優勢，快速崛起的原因所在。

於是沃爾瑪重新定義了「live better」（更美好的生活）。說穿了，其實就是要從重視「EDLP的沃爾瑪」走向重視「顧客體驗（CX）的沃爾瑪」。沃爾瑪不僅提供便宜的商品，還將企業使命的主軸，轉向為提供迅速、輕鬆、方便等「優質的顧客體驗」，就像GAFA那些數位原生企業一樣。

和各位分享一個例子。各位可以看看沃爾瑪的電商網站，就知道他們沒有走傳統零售業的路線，而是選擇了更接近亞馬遜等電商平台的設計。包括消費者的回饋與評價等，這些一般認為現今電商網站該有的元素，在沃爾瑪的電商網站上一應俱全，是個

可以讓人感受到使用者很活躍、熱鬧的平台。

　　亞馬遜的貝佐斯一再強調：「不論是過去、現在或未來，使用者想要的，就是價格便宜、品項豐富、配送迅速。」然而，這三大要素只不過是「少了它，就不會有人想去買」的基本必備條件。沃爾瑪的電商網站除了具備這三大要素，還透過回饋與評價，創造出讓使用者願意購買的動機。

　　儘管沃爾瑪在電商方面的「品項豐富」程度，還比不上「什麼都能賣」的亞馬遜，但在「實體門市」的上架品項，卻是遠比同業更齊全；在「配送迅速」方面，沃爾瑪已能提供「NextDay Delivery」服務；而標榜EDLP的沃爾瑪，向來都在「價格便宜」這一點上深受肯定。

「全球最大零售商」的數位轉型策略③

重新定義門市

　　沃爾瑪在數位轉型的過程中，也嘗試透過資訊科技（IT），將他們最大的強項──門市升級。門市原本就是為零售而開設，沃爾瑪除了保留這項功能之外，也開始廣泛運用，將它們用來作為「自家電商平台的倉儲」、「物流配送據點」、「電商平台取貨據點」（顧客前來領取在電商平台訂購的商品）。

　　運用案例之一就是「網路下單門市自取」（online grocery pickup，簡稱OGP）。「OGP」是讓顧客透過專用app訂購生鮮食品後，再到門市取貨，也就是所謂的「預留」服務。

OGP服務同時也是提供優質顧客體驗的場域。顧客只要在指定時間抵達門市，把車停放在取貨專用的停車場，沃爾瑪的員工就會幫忙把商品搬進後車廂，如此一來，沃爾瑪等於是幫顧客解決了走進門市挑選、結帳、搬運商品的麻煩。對於習慣定期採買生鮮食品來「囤積」的廣大美國消費者而言，OGP是很方便的服務。截至2019年底，沃爾瑪提供OGP服務的門市已擴大到三千一百家，而取貨相關業務更創造出五萬個工作機會。

「InHome Delivery」也是讓門市功能再進化的案例。這是由配送員進入顧客家中，將食材放入冰箱的一項服務。亞馬遜在美國早已鎖定那些經常不在家的顧客，推出「Amazon Key」的服

OGP專用停車場

（照片來源：The Washington Post／Getty Images）

務，將顧客訂購的商品放到門口玄關處。換言之，沃爾瑪的盤算就是「既然亞馬遜送到玄關，沃爾瑪就送到冰箱裡」。沃爾瑪的顧客只要繳交會員費，就可享受不限次數的配送服務。此外，沃爾瑪的「NextDay Delivery」服務範圍，已涵蓋全美75%人口。

　　如今沃爾瑪能獲得市場如此的肯定，一部分也是因為他們成功推動了這些靈活運用門市的業務，把門市當作「全通路銷售的工具」所致。在2020年的年報上，沃爾瑪忠實地呈現了這個策略方向：

　　「我們透過創新，持續優化顧客體驗，並提供無縫整合電商平台和零售通路的全通路銷售。」

　　「我們的策略，就是為忙碌家庭著想，把每一天的日常變得更輕鬆簡單。而我們也要讓企業文化變得更先進，積極推動數位化，並把信賴當作我們在競爭上的優勢。」

　　充分運用實體門市和電商平台所發展出的全通路策略，是零售業者可以用來和電商平台抗衡的方法之一，況且和亞馬遜相比，沃爾瑪的優勢就在這裡。

　　能把純電商不易銷售的生鮮食品拿來當作主力商品，也是因為沃爾瑪擁有實體門市的緣故。生鮮食品是消費者購買頻率最高的商品，因此亞馬遜也將生鮮食品視為電商最後的目標，積極想搶攻這個市場。不過，生鮮食品的保鮮期比日用品等其他商品短，而顧客對「鮮度」的要求又特別高，所以光靠電商平台單打獨鬥，很難打進生鮮食品的市場。

關於這一點，沃爾瑪旗下有許多門市，在銷售鮮度至上的生鮮食品方面經驗老道，實力略勝一籌。他們把門市當作「生鮮食品的倉庫」，在市場上搶占到「以生鮮食品見長的電商」這個亞馬遜所沒有的定位。

「全球最大零售商」的數位轉型策略④

重新定義人才

還有，沃爾瑪在推動數位轉型的「人才」方面，除了加強人力升級，也改革了「勞動型態」。

自麥克米倫執行長上任以來，沃爾瑪接連收購多家電商相關企業，將大批工程師納入麾下，並將他們的智慧運用在門市營運的數位化和員工教育上。其中最為人所知的，就是前面提到的2016年電商新創Jet.com收購案。後來沃爾瑪甚至還延攬了Jet.com的共同創辦人洛爾，任命他擔任電商事業的執行長。

洛爾堪稱是將沃爾瑪打造成科技公司的幕後功臣。他上任後，曾在投資人說明活動上，就沃爾瑪的電商發展策略提出以下論述，對照今日沃爾瑪的發展，他的論述可說是一段幾近神準的預言。

- 致力在當日配送、門市取貨（store pickup）和會員制度等日常服務上「做好基本功」。
- 把美國沃爾瑪旗下超過五千三百家門市等資產優勢，當作

發展的跳板。將它們規劃成處理「InHome Delivery」、門市取貨等業務的門市或訂單履行中心（fulfillment center）。

- 持續追求創新，以期能讓沃爾瑪在未來蛻變成一家「科技公司」。我們要成立「沃爾瑪實驗室」，來當作沃爾瑪的科技部門，並執行各項有助於推動零售業轉型為科技公司的實測驗證，如語音商務（voice commerce）等。

另外，沃爾瑪延攬曾於亞馬遜、谷歌擔任要職的蘇雷許・庫馬爾（Suresh Kumar）來擔任技術長（CTO）兼開發長（CDO），也引發了話題討論。當時麥克米倫曾發給員工一封電子郵件，當中提到：「科技的發展，讓我們得以用前所未有的方法，提供各項服務給顧客和員工。儘管我們已經跨出了數位轉型的步伐，但這條路還很長。為了加快腳步，我們新設了兩個直屬執行長管轄的高階主管職務，分別是技術長和開發長。」（CNBC，2019年5月28日，本段日文內容由作者自行翻譯）

接連收購、結盟電商相關企業的結果，是沃爾瑪一手催生出了龐大的生態圈。光是購物平台類的企業，旗下就包括有沃爾瑪、山姆會員商店、Jet.com等，就連月平均使用者多達十億人以上的印度電商Flipkart，也納入了它的麾下。沃爾瑪還與廣告、物流、金融服務等企業結盟，以便建立一個生態圈，既可促進自家事業成長，又可充實企業解決顧客問題的能力。

　　說穿了，其實沃爾瑪還是一家非常重視人才的企業。他們有一項企業理念，就是「我們創造不同」（our people make the difference）。

　　在沃爾瑪，員工彼此之間以「夥伴」（associates）相稱。這個稱呼當中，蘊涵著「正職員工與計時人員毫無隔閡，大家都是一起工作的夥伴」之意。沃爾瑪對員工教育訓練的投資也毫不手軟。「匯集隨處可見的普通人，成就無人能及的事業／我們創造不同」（ordinary people joined together to accomplish extraordinary things／our people make the difference）是從創辦人沃爾頓當家以來，就一直延續至今的傳統。

　　前述的門市數位化，當初其實就是和第一線員工的勞動型態數位化一併推動，例如專供門市員工使用的app，會在商品配送到門市或貨架上缺貨時主動發送提醒，讓員工能即時掌握售出的商品數量。如此一來，就能做到業務工序減量。門市員工只要熟悉這些資訊工具，就算後續再多加入OGP等新的操作流程，還是能減輕他們的負擔。

　　與此同時，不需要人力介入的作業，沃爾瑪也盡量改以機器人代替。在沃爾瑪，打掃是自動掃地機器人的工作；在門市巡檢，確認哪些商品需要補貨的，也是機器人。此外，負責卸貨的「快速卸貨機」（FAST unloader），連將貨品分類為「送進儲貨倉」和「立刻上架補貨」的動作，都已經自動化。如此一來，員工就更能把心力投注在與顧客溝通交流或商品的上架、陳列上了。

　　為開發出這些讓第一線員工願意接受的資訊科技，沃爾瑪派工程師深入門市，將操作方便性等第一線員工的意見，反映到這些資訊工具上，並且不斷地嘗試錯誤──這也是沃爾瑪推動數位轉型的一大特色，看得出重視速度、彈性和快速PDCA[1]的科技業文化，已深植沃爾瑪的每個角落。

「live better」的概念逐漸擴大

　　在此，我想再次強調「live better」的內涵。這個標語出現在沃爾瑪的企業官方網站和年報等處，所有和沃爾瑪有關的地方都看得到它，且不斷地強調它的重要性。如前所述，以往那個以「EDLP」來做價格訴求的沃爾瑪，如今透過重新定義「live better」，已轉向重視顧客體驗，以創造更方便、更快速、更舒適的「美好生活」。看來，沃爾瑪的「live better」不僅與他們的社會公益活動、員工教育等永續發展目標（sustainable development goals，簡稱SDGs）政策相互連結，他們還把「live better」的概念擴大，將「活得更精彩」也納入其中。

　　舉例來說，在沃爾瑪2019年的ESG[2]報告當中，就有這樣的一段描述：「我們推動環境保護、社會責任、公司治理（ESG）

---

[1]　編註：是一套管理循環流程：計畫（plan）→執行（do）→查核（check）→行動（act）。

[2]　編註：是環境保護（environment）、社會責任（social）和公司治理（governance）的縮寫，為一種評估公司永續性和識別企業對社會影響的方式。

的切入點，是以本公司的成立宗旨『幫助顧客省錢，讓他們生活得更美好』為基礎。這個宗旨當中，有著我們共同的價值原則。（中略）我們可以透過商業活動，來改變這個社會。透過創造商機、維護環境，以及加強在地社群的連結等方法，達成我們的成立宗旨，這不僅可以降低風險，還能創造出對我們的事業與社會很重要的、可永續的價值。」

而在探討勞動環境的論述脈絡當中，也出現了「live better」：

「文化是沃爾瑪的根基。我們把『文化』定義為『行動中的價值』。在這個定義下，文化會成為一種方法，幫助我們達成『提供優質顧客服務，營造優質的現場工作環境，展現更卓越的績效，進而讓顧客節省開銷，享受更豐富的生活』的共同目標。」

前面提過〈沃爾瑪的故事〉，在這篇文章當中，麥克米倫強調為在地社群貢獻的重要性。他提到：

「『更美好的生活』究竟是什麼意思？美好生活的一部分，並不只有金錢上的富足，更要有時間上的餘裕。有時間上的餘裕，代表我們可以把時間投資在人們和自己熱愛的人生上。」

「而『更豐富的生活』又代表什麼涵義？它指的不僅是金錢與時間上的寬裕，還有對在地社群的貢獻。」

「我們的顧客，對於身旁的人、地球，甚至是孩子們的未來，都很看重。我認為他們會很願意購買對地球、對人類有益的產品。他們也期盼有更多能讓家人更安全、更健康的商品。於是

到頭來，他們會選擇在值得信賴的零售通路花錢。這份信賴，是我們最重要的資產。我們要用各位自己和家人都能引以為傲的方法，推動倫理經營，贏得顧客信賴。」

　　沃爾瑪還有一套獨家的教育計畫「Live Better U」。這是一套專為夥伴設計的方案，當中有大學教育、高中教育和外語學習方案，由沃爾瑪免費提供或補助經費。在沃爾瑪的企業官方網站上，有以下這樣的描述：

　　「零售業的環境瞬息萬變，沃爾瑪也為了迎合顧客的需求變化而推動事業改革。沃爾瑪要在未來的零售業界打下一片江山，最重要的方法之一，就是要具備已受過完整訓練、積極認真的勞動力。

　　我們提供教育和培訓機會給每一位員工。不論夥伴是要在學習機構接受和工作相關的培訓，或是想透過線上隨選課程學習新的外語或技術，又或者是想取得大學學位，沃爾瑪都有相應的方案和補助，幫夥伴實現夢想。在新的『Live Better U』橫幅下方，我們整理出了所有的教育補助方案。『Live Better U』是為了讓每位員工節省開銷，享受更美好生活所設計的，比以往更方便好用。沃爾瑪旗下有逾百萬名的員工，聘用各種教育程度的人，而『Live Better U』正是為了提供福利給每位員工所規劃的制度。」

比 GAFA 更值得當日本企業的標竿

　　包括亞馬遜在內的電商崛起，讓很多零售通路陷入了困境，而「全球最大零售商」沃爾瑪的業績卻是扶搖直上，原因就在於數位轉型的成功。

　　沃爾瑪並不是數位原生企業。在本書介紹的八家企業當中，沃爾瑪應該和星展銀行一樣，算是很獨樹一幟的案例。一般在探討數位轉型的成功案例時，談的不是美國的 GAFA，就是中國的 BATH 等，幾乎都是數位原生企業。

　　然而仔細想想，這些數位原生企業能落實推動數位轉型，要說是理所當然，似乎也無可厚非。沃爾瑪並非數位原生企業，它的數位轉型，對於以非數位原生企業居多的日本企業而言，我認為值得學習的地方，會比 GAFA 來得更多。

　　沃爾瑪既然不是數位原生企業，為什麼能成功推動數位轉型呢？那是因為沃爾瑪不惜連企業文化都翻新，從數位和實體兩方面著手，讓門市和人才等經營上的重要元素再升級（進化），成功從「重視 EDLP 的沃爾瑪」，蛻變成「重視顧客體驗的沃爾瑪」所致。

　　在顧客體驗的精進上，目前數位原生企業還是技高一籌，這是不爭的事實。然而，非數位原生企業的沃爾瑪，敢與數位原生企業揭櫫相同的使命，這一點才是日本企業必須效法的地方。

　　沃爾瑪在數位轉型的過程中，祭出了備受矚目的「門市取貨」等措施，可是光會模仿這些皮毛，並不是真正的數位轉型。

沃爾瑪在翻新企業文化、蛻變成科技公司的過程中，重新定義了他們的企業使命；以及素有「全球最大零售商」之稱的企業，如何不再聚焦「銷售」，而是聚焦在「顧客體驗」的優化，並全力投入——這些才是日本企業真正該關注的。

2020年「在五週內就達成五年分的成長」

進入2021年之後，沃爾瑪在數位轉型方面仍是動作頻頻。首先在2021年1月，沃爾瑪首度參與CES盛會。在會場上，麥克米倫執行長更強調了沃爾瑪於2020年，新冠病毒疫情肆虐下的發展成果。

- 疫情期間，沃爾瑪以員工的安全與健康為最優先考量，維持供應鏈運作，協助供應商和協力廠商等外部單位，並創造出了新的就業機會。
- 滿足在疫情期間激增的線上購物需求，並擴充非接觸式的服務。2020年9月，沃爾瑪還啟動了會員制方案「Walmart+」，讓顧客可無限使用線上超市的當日配送服務。
- 布局診所事業「Walmart Health」，未來計畫將在線上和線下等全通路發展健康照護事業。
- 為因應氣候變遷，沃爾瑪自2017年起，便啟動「十億噸計畫」（Project Gigaton），目前仍持續進行，期能在2030年之前降低全供應鏈的二氧化碳排放量，並達到累計減碳

十億公噸的目標。

- 提及「多元、公平與共融」（DEI），並表示「多元的團隊，才能克敵制勝；共融的環境，才能帶來成功」。

同樣是在1月所舉辦的另一場零售業盛會——2021全美最大零售業聯盟展（NRF-Retail's Big Show），則是由沃爾瑪的顧客長（chief customer officer，簡稱CCO）珍妮・懷特塞德（Janey Whiteside）代表出席。她提到由於網路下單業務激增，光是2021年度第一季，門市自取的配送服務就成長了300%，「我們才花了五週，就達到五年分的成長幅度」。懷特塞德更指出，正因為沃爾瑪擁有龐大的門市網絡，才能有如此突飛猛進的成長。儘管受到新冠病毒疫情的影響，來客數呈現下滑的趨勢，但門市仍扮演了相當重要的角色。

2021年1月28日，沃爾瑪又啟動了廣告平台事業Walmart Connect。沃爾瑪宣布：「我們要運用與顧客在線上和線下的接觸機會，達成『在五年內成為全美前十大廣告平台』的目標。」詳情稍後我會再做說明，目前預估沃爾瑪將會推動：①在全美各地的門市擴增廣告版位；②與萃奕（The Trade Desk）合作，打造新的廣告平台；③與各品牌商共享數據資料。

「顧客長懷特塞德表示，各品牌商若能運用沃爾瑪掌握的這些消費數據，不只可望更準確地投放廣告，還能即時了解店頭的銷售狀況，如有需要，還可以調整廣告內容。此外，沃爾瑪也認

為，要和亞馬遜競爭，就必須運用實體門市的優勢。未來，沃爾瑪將會在全美超過四千五百家門市裡，安裝超過十七萬台的螢幕，以作為廣告空間之用。」〔《路透社》（*Reuters*），2021年1月29日〕

同樣在2021年1月，有媒體報導洛爾離開沃爾瑪的消息。如前所述，沃爾瑪在2016年時收購了Jet.com公司，洛爾則是這家公司的創辦人，也是沃爾瑪發展電子商務的推手。他的離開，也意味著沃爾瑪的數位轉型已進入新階段。

重新建構以「顧客中心主義」為主軸的商業模式

而最令人震撼的，是沃爾瑪的「新商業模式」。沃爾瑪在2021年2月18日的投資人說明會上，宣布了這項消息。

既往的「EDLP」維持不變。沃爾瑪一如既往，在「低價銷售」→「提高營收」→「低成本營運」→「低價購買」的正向循環下，全年都以便宜價格供應商品。

而圖表1-2則是沃爾瑪這次公布的新商業模式，最大特色是「顧客中心主義」的策略主軸，更重整了服務發展布局。接著，就讓我們逐一檢視這套商業模式裡的每一個項目。

- 在主要的顧客接觸點上銷售：沃爾瑪與顧客之間的主要接觸點有四個，分別是門市、取貨、配送和Walmart+。

圖表1-2 沃爾瑪的新商業模式

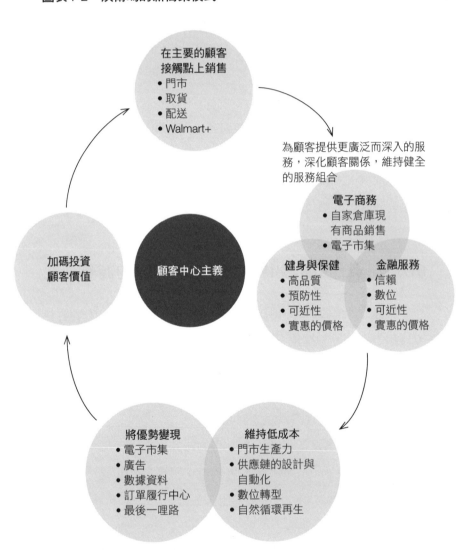

（作者根據2021年2月18日投資人說明會資料編製）

- 為顧客提供更廣泛而深入的服務，深化顧客關係，維持健全的服務組合：這裡指的是電子商務、健身與保健、金融服務這三項。

在電商的部分會延續既往路線，推動自家倉庫現有商品銷售和電子市集，雙管齊下。在向來積極耕耘的健身與保健領域方面，沃爾瑪過去就已推動「建置可在app上受理處方箋的機制」等。沃爾瑪強調，未來會提供更高品質的、預防性的、可近性佳且價格實惠的商品與服務。

在金融服務方面，沃爾瑪也調整了自家行動支付Walmart Pay的定位，讓它以非接觸式支付的型態重新上路後，竟迅速普及。這是在疫情蔓延下，「非接觸」的時代潮流形成一股強大發展助力所造就的結果。

此外，沃爾瑪也將原本供顧客訂購家電產品等所使用的應用程式Walmart App，和供訂購食品用的Walmart Grocery App整併，並加裝上Walmart Pay。如此一來，沃爾瑪就掌握了顧客的帳號和付款資料等，也就是最基本的顧客接觸點。想必將來他們一定會像中國的支付寶或微信支付那樣，切入包括信貸在內的金融服務領域。

而圖表1-2也反映了一個重點：電子商務、健身與保健、金融服務，才是沃爾瑪目前優先排序於最前面的服務布局。儘管沃爾瑪所建構的生態圈非常龐大，但只要從「顧客中心主義」的角度來思考，就會明白這三者才是和顧客最切身相關的項目。

- 「維持低成本」：提高門市生產力、供應鏈的設計與自動化、推動數位轉型、永續對策等。
- 「將優勢變現」：電子市集、廣告、數據資料、物流（訂單履行中心、最後一哩路）等。
- 「加碼投資顧客價值」：用這些服務賺得的利潤，加碼投資在可提升顧客價值的項目上，以強化這個商業模式的循環。

以「成為更像媒體的媒體」為廣告平台事業的目標

在沃爾瑪的新商業模式當中，廣告平台事業 Walmart Connect 尤其引人矚目。沃爾瑪打算自行規劃廣告平台的運用，在自家網站或門市裡的看板等版位放上客戶的廣告，藉以開拓新的收入來源。

我在《2025年數位資本主義》（2025年のデジタル資本主義，NHK出版）這本書中提過，以往在線上的目標式廣告（targeted advertising）當中，「第三方Cookie」是不可或缺的技術。如今在重視隱私的趨勢下，「第三方Cookie」將逐漸退場；同時也提到蘋果、谷歌都已轉向「不用Cookie」；還談到企業今後必須化身為媒體，與顧客直接建立關係，不再仰賴廣告公司代為操作，更要在保障顧客隱私的同時，與顧客建立長久的良性關係。而 Walmart Connect 堪稱是一個走在最前面的案例。不僅如此，若

能妥善運用全球最大零售商沃爾瑪才有的優勢，那麼沃爾瑪就有可能兌現他們的宣示內容，「在五年內成為全美前十大廣告平台」。

不管怎麼說，在線上或線下造訪過沃爾瑪的顧客人數，都已經突破一億五千萬人大關。2020年這一年當中，90%的美國人都曾在沃爾瑪消費過，而90%的美國人，住處距離最近的沃爾瑪不到十英哩。沃爾瑪已深入顧客生活，不只是單純的零售通路，而是顧客生活中「不可分割的一部分」。他們所累積的數據資料，更是比數據處理公司還要豐富。這樣的企業來經營媒體，要打造出一家「更像媒體的媒體」，或許並不困難──畢竟這家企業可是握有龐大規模和觸及的沃爾瑪。

具體而言，沃爾瑪預計要針對曾在官方app上搜尋過商品的使用者，投放線上廣告；在線下的門市裡，也透過看板推播廣告。沃爾瑪最決定性的優勢，就是他們可以根據顧客的實際購買數據來投放廣告。因為是把顧客在線上和線下的消費紀錄直接反映在廣告上，所以更能準確地觸及使用者。

而能讓這樣的操作成真，也要歸功於沃爾瑪早就在本業上推動了數位轉型，這一點已毋須贅述。舉例來說，因為沃爾瑪的電商事業成長，才更容易取得顧客的搜尋資料；又或是因為Walmart Pay的普及，才讓顧客的帳號和消費紀錄得以勾稽、串聯。即使是用廣告業者的標準來衡量，恐怕沃爾瑪都還是深具競爭優勢吧。

紮實推動「用數位工具與顧客連結」

　　根據我的觀察，沃爾瑪是「過去這一年當中推動最多數位轉型的企業」之一。促使他們如此積極發展數位轉型的契機，當然是新冠病毒的疫情。美國曾一度受到「全球最嚴重」等級的危機威脅，但它同時也是最需要大力追求創新的國家。尤其沃爾瑪販售的又是民眾生活上不可或缺的日用品和生鮮食品，是維持社會運作必要的服務。「就算是疫情期間，還是想在沃爾瑪採買」，正因為有這股強勁的需求，才會讓沃爾瑪的「零接觸服務」如野火燎原般全面普及。

　　不過，光是「疫情的推波助瀾」，還不足以說明沃爾瑪數位轉型成功真正的原因。回顧這一路走來，沃爾瑪向來是完全以亞馬遜為標竿，這也是不容忽視的事實。

　　如前所述，在這個電商全盛時期，沃爾瑪的聲勢曾被「什麼都能賣」的亞馬遜凌駕，甚至還有人譏諷「全球最大零售商沃爾瑪已經跟不上時代」。然而，沃爾瑪並沒有拘泥於「在實體門市做生意」，反而著手推動包括線上購物在內的全通路銷售，還開始發展訂閱制服務，甚至還跨足配送服務。沃爾瑪把數位原生企業那一套崇尚「顧客中心主義」的獨特經營哲學，發揮得淋漓盡致。

　　前面提過的「翻新企業文化」當然也非常奏效。而在併購電商企業之後，積極任用洛爾等前高層來擔任數位轉型舵手的做法，對於沃爾瑪學習數位原生企業的「顧客中心主義」哲學，應

該也很有貢獻。

如果我們更深入檢視沃爾瑪的事業發展，就會發現：沃爾瑪很紮實地推動了在數位轉型過程中最重要的「用數位工具與顧客連結」。這一點對沃爾瑪的數位轉型影響甚巨。拿它來和日本的零售通路相比，可看出相當明顯的差異──就連我們在日本幾乎天天光顧的便利商店，都還沒有掌握顧客的姓名資料。其實以往沃爾瑪也是如此，但經過數位轉型，沃爾瑪已經開始用帳號來管理顧客資料，還會蒐集顧客的付款資訊。沃爾瑪透過這些改變，打造出了一套體系，以便與顧客建立長遠而優質的關係。

最後我想強調一個事實：沃爾瑪的數位轉型，並沒有否定自己「全球最大零售商」這個優勢，甚至還將它發揮到了極致。門市原有的零售功能維持不變，並將它重新定位為「自家電商平台的倉儲」、「物流配送據點」、「電商平台取貨據點」（顧客前來領取在電商平台訂購的商品）。

層狀結構 × 價值鏈結構

若以「層狀結構 × 價值鏈結構」來呈現目前的沃爾瑪，就會如圖表 1-3 所示。一言以蔽之，現在的沃爾瑪就是「超級購物中心 × 超級 app[3] 帝國」。所謂的超級購物中心，就是網羅了食衣

---

[3]　譯註：將日常生活各種必要功能，如支付、通訊、社群、叫車等，整合在一起的 app。

圖表1-3　沃爾瑪的「層狀結構 × 價值鏈結構」

	價值鏈結構							
價值鏈的構成要素	商品研發商品採購	商品進貨	顧客評估	顧客購買	付款	處方箋（如為藥品時）	商品提領	服務
內容、特色	與製造商共同研發，以創造差異化並降低成本	EDLP	在線上或線下評估	可於線上或線下購買	用Walmart Pay付款	在app確認處方箋	・門市購買・取貨・配送	CRM
大數據	購買資料	商品資料進貨資料	消費資料搜尋資料	購買紀錄	付款資料	健康、醫療資料	配送資料	顧客資料

層狀結構		
提供商品、服務	購物、健身與保健、金融服務
廣告、行銷	Walmart Connect 的廣告平台
付款	Walmart Pay
顧客帳號及資料	顧客帳號與資料
配送	最後一哩路配送
物流、倉儲	訂單履行物流、倉儲
門市網絡	美國超級購物中心龍頭的門市平台

「超級購物中心 × 超級app帝國」的
「層狀結構 × 價值鏈結構」

（作者編製）

住行等各類商品的綜合超市，也是沃爾瑪在實體門市所採行的業態。沃爾瑪在這個業態之上，再加入一套整合了支付、電商等各種服務的app，逐步讓顧客可以在app上使用他們的各項服務。

　　而支撐起整個層狀結構的最底層，就是沃爾瑪這家美國超級購物中心龍頭的門市平台。以門市為基礎，再一層層搭建物流、倉儲和配送的平台。在「用數位工具與顧客連結」的前提下，沃爾瑪也開始管理顧客帳號與資料，還能透過Walmart Pay取得顧客的付款資料，甚至還根據這些大數據來投放廣告，引導顧客選購商品或服務。

　　數位轉型也翻新了沃爾瑪的價值鏈。舉例來說，在商品研發、採購方面，沃爾瑪以往是透過和製造商共同研發，來創造差異化並降低成本；如今，沃爾瑪做了銷售資料的蒐集和累積，使得商品研發能做到更快更好。此外，沃爾瑪蒐集所有事業活動的數據資料，「為提升顧客價值而加碼投資」的結構就此成形。

　　在圖表1-4當中，我整理了沃爾瑪這個「超級app帝國」的整體結構。如前所述，沃爾瑪在疫情衝擊下，將原本供顧客購買家電等產品的Walmart App，和供顧客購買食品用的Walmart Grocery App整併為Walmart App，還加裝了行動支付Walmart Pay的功能，打造出了一款以Walmart Pay為出發點，再將顧客導引到電商零售、健身與保健、金融服務的超級app。

　　在這一款app當中，內建了「線上下單、門市取貨」（buy online pick-up in store，簡稱BOPIS）的預約取件等功能，甚至還

圖表 1-4　沃爾瑪的 app 是一款超級 app

電商、零售	健身與保健	金融服務
• Walmart+	• 高品質	• 信賴
• 門市購買	• 預防性	• 數位
• 電商平台	• 可近性	• 可近性
• 門市取貨	• 實惠的價格	• 實惠的價格
• 宅配		

把 Walmart Pay 當作顧客接觸點，引導顧客使用各項服務

預約 BOPIS 等指令

Walmart Pay

Walmart App

（作者編製）

可以處理藥品的處方箋。

　　消費者在疫情肆虐下，避免「三密」（人潮密集、密閉空間、密切接觸）的強大需求，促使 Walmart App 迅速普及。這場在短期間內成就的進化，讓人不禁深感在危機時代中，更能刺激創新的發展。

日本該從沃爾瑪的數位轉型策略中學到什麼？

　　前面介紹過這麼多沃爾瑪的數位轉型，我將它們整理成圖表 1-5 的「『理想世界觀』實現工作表」（詳情會在本書最後的

圖表1-5 沃爾瑪的「理想世界觀」實現工作表

「理想世界觀」：沃爾瑪
整合線上與線下，提高了顧客在評估、購買、提領商品等方面的方便性。另外也透過數位工具與顧客連結，讓門市的存在意義再進化

商品（product）
在生鮮食品方面占有優勢的超市

給顧客的價值（customer value）
透過線上和線下整合，讓顧客可到店提領線上下單的商品

價格（price）
生鮮雜貨的價格是「天天都便宜」

顧客的成本（customer cost）
導入會員制，會員可享免宅配費等優惠

地點（place）
挑在有地利之便的地方連鎖展店

方便性（convenience）
透過線上與線下的整合，提高顧客在商品評估、購買和提領等方面的方便性

推廣（promotion）
操作電視廣告等傳統的推式行銷策略

溝通（communication）
運用數位工具與顧客連結，也讓門市的存在意義再進化，與顧客溝通更深入

「現狀課題」：超市
在生鮮食品方面占有優勢的超市，是民眾生活不可或缺的要角。然而，只照顧大眾市場的做法，尚未滿足部分顧客的需求

（作者編製）

「『為日本企業擬訂大膽數位轉型策略』工作坊」介紹）。沃爾瑪將「企業觀點的4P」調整、翻新為「顧客觀點的4C」，讓這家「跟不上時代」的超市，蛻變成最先進的零售通路。

在我看來，若單就「零售」而言，沃爾瑪已逐漸成為超越亞馬遜的通路。

誠如各位所知，亞馬遜這家公司，是由零售通路和雲端運算服務Amazon Web Service（簡稱AWS）這兩大支柱所撐起的全球科技巨擘。沃爾瑪既然不是數位原生企業，要在科技上超前亞馬遜，恐怕只是痴人說夢吧？

不過，若從零售通路的角度來看，我們可以發現沃爾瑪其實有很多比亞馬遜更先進的作為，例如以既有的門市平台為基礎，所發展出來的全通路銷售，還有運用數據資料來提升顧客價值，以及堪稱「搔到顧客癢處」的多元宅配方式等。非數位原生的企業，要如何撼動全球科技巨擘亞馬遜的地位？沃爾瑪給了我們一些靈感。

本章最後，我要再重新整理一下沃爾瑪數位轉型策略成功的秘訣（圖表1-6）。

首先我要談的是：沃爾瑪一鼓作氣地推動了零售的數位化。沃爾瑪一路走來，皆以亞馬遜這家在總市值等各方面都令人望塵莫及的企業為標竿，尤其是亞馬遜這家數位原生企業的「顧客中心主義」。而在本章詳加闡述的「不惜連企業文化都翻新」的做法，當然也不容忽視。

接著，沃爾瑪收購了電商公司，並將自家公司的數位轉型交

圖表1-6　沃爾瑪數位轉型成功的秘訣

1　完全以亞馬遜為標竿。
2　轉型為數位原生企業式的「顧客中心主義」。
3　不惜連企業文化都翻新。
4　收購其他電商公司，並將公司的數位轉型交由對方前高層掌舵，自己也從中學習。
5　落實推動數位轉型過程中該進行的事項。
6　運用數位工具與顧客連結。
7　活用沃爾瑪的特色與優勢，並透過數位轉型放大這些強項。

（作者編製）

由對方的前高層掌舵，自己也從中學習。沃爾瑪就這樣一步一腳印，踏實地做好數位轉型該做的每一項工作。

　　而最重要的，就是運用數位工具與顧客連結。沃爾瑪不僅活用自家的特色與優勢，更透過數位轉型放大這些強項。

　　沃爾瑪雖是全球最大零售商，但並不是數位原生企業。它數位轉型成功的秘訣，對日本企業的數位轉型一定也有幫助，建議各位不妨多參考沃爾瑪祭出的這些具體措施。

第二章

特斯拉

「拯救地球」的企圖與使命

Tesla

疫情肆虐下，股價仍狂飆九倍

　　2020年，特斯拉堪稱是汽車產業的頭條話題。儘管新冠病毒的疫情肆虐，特斯拉的股價仍持續飛漲，截至2021年1月時，股價竟已漲到一年前的九倍以上。此時特斯拉的總市值，已經比豐田汽車（Toyota）、福斯汽車（Volkswagen）、通用汽車、福特（Ford）等享譽全球的十三家汽車製造商的總市值加總還要高（圖表2-1）。

　　首先讓我們來了解一下特斯拉2020年的業績表現。在中國

圖表2-1　特斯拉總市值

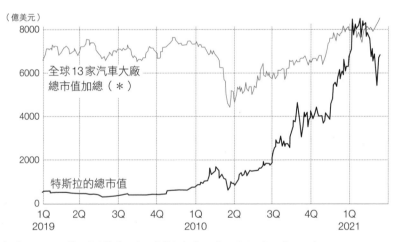

（＊）BMW、福特、飛雅特（Fiat）、克萊斯勒（FCA）、通用、本田（Honda）、現代（Hyundai）、日產（Nissan）、保時捷（Porsche）、寶獅（Peugeot）、福斯、雷諾（Renault）、馬自達（Mazda）、豐田

（資料來源：*Quartz*）

和北美市場的拉抬下，特斯拉的業績依舊暢旺，銷售（交車）量達到近五十萬輛，較去年成長了25%以上；營業額則來到315億美元，較去年高出28%；營業利益則是交出了20億美元的成績單，是自特斯拉上市以來首度轉虧為盈。此外，特斯拉的營業現金流量也達到59億美元，較去年增加147%；自由現金流量也有28億美元，較前一年增加了190%。

接著再來了解一下特斯拉的生產體系。特斯拉的生產據點主要可分為兩大類：一類是生產、組裝電動車的工廠，另一類則是生產電池和太陽能發電板等能源相關產品、電動車零件的工廠。

圖表2-2　特斯拉的電動車銷售量

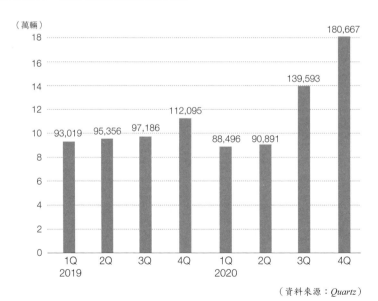

（資料來源：*Quartz*）

圖表2-3　特斯拉的營收與營業損益

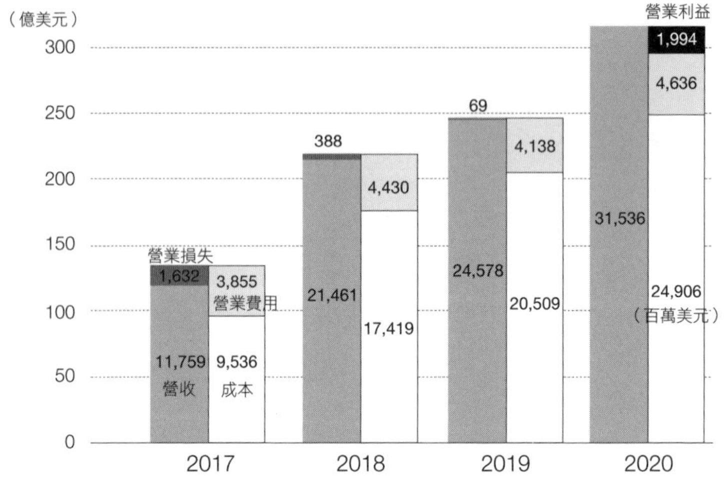

（作者根據特斯拉每季公布之財報資料編製）

　　在生產、組裝電動車的據點方面，截至2020年底，特斯拉已有包括佛利蒙（Fremont）工廠在內的加州灣區（Bay Area）工廠群，年產能六十萬輛；還有位在中國年產能四十五萬輛的「上海超級工廠」（Tesla Giga Shanghai），兩者合計總產能已達一百零五萬輛。其實在2019年時，這兩處廠區的產能合計還只有六十四萬輛，等於是每年增加四十萬輛（較前一年成長64%）。據了解，目前特斯拉還有位在德國的「柏林超級工廠」，以及位在德州奧斯汀（Austin）的「德州超級工廠」正在興建或籌設當中。

　　此外，在電池與太陽能發電板的生產據點方面，特斯拉在內華達州的雷諾市（Reno）近郊，有一處和Panasonic合資的

圖表2-4 特斯拉的現金流量（CF）

（作者根據特斯拉每季公布之財報資料編製）

「內華達超級工廠」（Tesla Giga Nevada），在紐約州的水牛城（Buffalo）也有一處「紐約超級工廠」（Giga New York），都已上線投產。

不論是在股價、績效或生產體系的擴充，特斯拉都發展得很順利。如今，它已成為電動車的龍頭企業。

追根究柢來看，如果看包括燃油車在內的車市整體銷售數量，而不是只看電動車的話，就會發現豐田汽車集團整體的銷量已達九百五十二萬輛（2020年），特斯拉只不過是它的九分之一，可說是微不足道的規模。

然而，為什麼特斯拉能橫掃現有的各家汽車大廠，贏得市場

圖表2-5　特斯拉各廠區產能列表

單位：輛

工廠	車款	年產能				
		2019年 4Q末	2020年 1Q末	2020年 2Q末	2020年 3Q末	2020年 4Q末
佛利蒙工廠	Model S Model X	90,000	90,000	90,000	90,000	100,000
	Model 3 Model Y	400,000	400,000	400,000	500,000	500,000
上海超級工廠	Model 3 Model Y	150,000	200,000	200,000	250,000	450,000
柏林超級工廠	Model Y	興建中				
德州超級工廠	Model Y	興建中				
	Cybertruck	籌設中				
後續計畫	Semi	籌設中				
	Roadster	籌設中				
	未來 投產車款	籌設中				
合計		640,000	690,000	690,000	840,000	1,050,000

（作者根據特斯拉每季公布之財報資料編製）

高度肯定呢？原因總括來說，在於特斯拉其實並不是一家「汽車製造商」。特斯拉這家企業，其商業模式的精髓在於建構「綠能生態圈」，光是統計它賣出了幾輛電動車，恐怕無法掌握特斯拉真正的價值所在。關於這一點，稍後我會再詳加描述。

　　更值得一提的是特斯拉最與眾不同的特色，也就是他們提出了「拯救人類」這個令人不禁懷疑自己是否聽錯的使命、願景。總而言之，特斯拉絕不是一家單純只賣電動車的公司。

在PayPal、太空探索科技公司之後，又跨足電動車市場

特斯拉並不光只是一家電動車製造商——要明白這句話的涵義，就要看看這家企業的業務內容和經營策略。在此之前，我們需要先了解特斯拉的執行長——馬斯克這位稀世的傑出企業家。

以下我很快速地介紹一下馬斯克的前半生。

馬斯克於1971年生於南非共和國，於賓州大學取得物理學和經濟學的學位後，選擇進入史丹佛大學研究所深造，卻在兩天後就申請退學，和弟弟共同創辦了一家軟體製作公司。他讓這家公司的事業成功上了軌道後，便把公司賣給了個人電腦大廠康柏（Compaq）。後來他又用這筆錢創業，開設了網路支付公司「X.com」。

這家「X.com」後來與康菲尼迪公司（Confinity）合併，PayPal就此誕生，其在今日已成為知名的線上支付工具。日後馬斯克又把PayPal賣給了eBay，賺進了多達170億日圓的個人資產。

馬斯克成功躋身「資訊科技大亨」之列，但接下來才要開始展現他和其他資訊科技大亨的不同之處——馬斯克用這筆錢當本金，成立了一家民間太空企業「太空探索科技公司」（SpaceX），著手研發機器人。

一個資訊科技創業家，為什麼要投入機器人的開發？這個問

題的答案更是驚人──原來是為了要「讓人類移民到火星」。

當時馬斯克其實就已經考慮到地球的未來：全球人口已突破七十億大關，人類對自然環境的破壞更是日趨嚴重，石油資源也即將枯竭，人類如果繼續固守在地球上，恐難逃滅亡，所以才要打造機器人，以幫助人類移居火星──馬斯克的這番言論，任誰聽起來都會覺得「荒唐可笑」，但馬斯克本人倒是很認真。

公司成立第六年，才成功發射了太空火箭獵鷹一號（Falcon 1）；2018 年還用「獵鷹重型火箭」（Falcon Heavy）這一款大型火箭，載著特斯拉的頂級車款 Roadster 飛進火星軌道；2020 年時，天龍號（Crew Dragon）太空船更開始載人上國際太空站。此

打出「零排放」的口號

（照片來源：Blommberg／Getty Images）

外，美國太空總署（NASA）也已決定委託他們研發登月艇。

馬斯克是在特斯拉創立的第二年，也就是2004年才加入特斯拉團隊，並於2008年出任執行長一職。2010年，特斯拉風光上市。自1956年福特股票上市以來，已睽違近半世紀，美國才又有特斯拉這家汽車製造商掛牌。

馬斯克先是切入網路、太空事業，接著又跨足電動車市場，或許就各位看來，會覺得他完全不按牌理出牌，但這樣的事業版圖也是為了「拯救人類」。

馬斯克是這樣想的：太空探索科技公司要成功開發出能到火星去的太空船，並非一蹴可幾，甚至不知道能否趕在地球毀滅前達成。既然如此，那就研發電動車來取代到處排放二氧化碳的燃油車，建構出一個綠能生態圈，至少延緩地球毀滅的速度……。

對馬斯克而言，生產電動車其實是「建構綠能生態圈」的一種方法。

科技之王

2021年，馬斯克又多了一個新頭銜，那就是「科技之王」（Technoking）[1]。

---

[1]　編註：Techno原意為高科技舞曲、鐵克諾音樂，是一種起源於1980年代中期美國底特律的電子舞曲，故也有人認為Technoking是指「電音之王」之意。

　　在特斯拉於 2021 年 3 月 15 日提交給美國證券交易委員會
（United States Securities and Exchange Commission，簡稱 SEC）的
資料當中，馬斯克的職稱是「特斯拉的科技之王」（Technoking
of Tesla），而擔任財務長的柯克宏（Zachary Kirkhorn）則是「貨
幣大師」（Master of Coin）[2]。而馬斯克和柯克宏原本的執行長、財
務長頭銜，則維持不變。

　　換言之，馬斯克成了「科技之王」。就上市公司的負責人而
言，這樣的頭銜實在是很特立獨行，甚至是有點不正經。不過，
只要了解馬斯克的使命感與企圖心，就能明白他為什麼會有這樣
的舉動。它展現了馬斯克的決心──不只想深耕汽車產業，還想
跨足包括環境和太空在內的先進科技領域。

　　而加密貨幣和區塊鏈，正是他廣泛跨足的科技領域之一。
根據特斯拉在 2021 年 2 月 8 日提交給 SEC 的 2020 年財報資料顯
示，特斯拉已於 2021 年 1 月調整了他們的投資政策。

　　至於調整內容的重點，是特斯拉為追求資產多元化和獲利極
大化，將投資另類資產（alternative assets）。特斯拉也表明，已
在比特幣這種加密貨幣上，投資了 15 億美元。柯克宏財務長會
有「貨幣大師」這個頭銜，想必也反映了特斯拉對投資政策的想
法──要把加密貨幣或比特幣列為另類資產，並重視該項投資操
作。

---

[2]　編註：Master of Coin 一詞源自於奇幻文學《冰與火之歌》（*A Song of Ice and
Fire*）裡掌管金庫的角色。不過由於在此之前，特斯拉購買了 15 億美元的比
特幣，因此這個職稱也可能是暗示為「比特幣大師」。

　　此外，特斯拉導入比特幣支付，也引起了話題討論。不過，後來特斯拉又隨即以「擔心比特幣挖礦對環境所造成的負擔」為由，撤銷了這項決策。馬斯克以往就曾屢次做出引發各界議論的決策，甚至還在股市掀起波瀾，而這次的決定不論是好是壞，都是很符合馬斯克行事風格的一個例子。

　　如前所述，特斯拉在資本市場上備受肯定，總市值甚至還凌駕、大勝傳統汽車製造商，馬斯克本人對市場的影響力也不容小覷。以往投資比特幣的多半都是散戶，最近法人和大企業等也開始進場，使得比特幣的走勢自2020年起就一路看漲。而特斯拉調整投資政策、投資比特幣，以及接受比特幣支付等動作，對比特幣在社會上受到信賴與認同，都很有貢獻。

　　然而這次的投資政策調整，背後想必還有更重要的企圖：特斯拉要透過投資人關係（investor relations，簡稱IR）的文件，來訴求馬斯克的價值觀和對科技的理念；還有，特斯拉要搶在其他競爭同業和其他高科技企業之先，深化與加密資產市場之間的關係，進而爭取這個市場的顧客。

　　馬斯克對於運用加密資產或比特幣的基礎技術——區塊鏈，來保證藝術、時尚單品和角色人物等數位資產在全球獨一無二的「非同質化代幣」（non-fungible token，簡稱NFT），也很感興趣。他在2021年3月15日時，發表了一則推文，表示「我要用NTF，賣這首以NTF為題的曲子」，還將實際音檔放到推特（Twitter）上。

　　馬斯克在推特上談的話題非常多元，想必這位「科技之王」

未來還會在這裡分享更多想法與措施。

潔淨能源的「創能、儲能、用能」

　　言歸正傳，特斯拉其實並不是汽車製造商，而是一家「要建構潔淨能源生態系」的企業。實際上，特斯拉的事業也不只有電動車，他們還跨足可在屋頂用太陽能發電的太陽能屋頂Solar Roof、用於電動車的高速充電器充電樁Supercharger，以及家用蓄電池Powerwall等，以逐步拓展能源事業的版圖。仔細分析特斯拉的營收占比，會發現約80%是來自汽車銷售、租賃，另有約10%是來自發電、蓄電相關業務，剩下的10%則是來自充電站等服務的營收。2016年，特斯拉又收購了太陽能發電公司太陽城（SolarCity，馬斯克是它的最大股東），在發電、蓄電相關業務方面的營收呈現攀升趨勢。

　　經過這一番梳理之後，我們可以很明確地看出：特斯拉是想透過太陽能發電來創能，利用蓄電池來儲能，再以電動車來用能的一家企業。換言之，發展潔淨能源的「創能、儲能、用能」三位一體，才是特斯拉真正的事業內涵（圖表2-6）。

　　特斯拉的總市值能扶搖直上，也是因為它在汽車製造商的角色之外，還是一家備受肯定的潔淨能源企業所致。在美國拜登新政府上台後，全球更加足馬力朝著去碳化社會全速前進，「從燃油車轉型為電動車」的趨勢已相當鮮明。

　　特斯拉在電動車領域已交出成績，對後續整個潔淨能源的生

圖表2-6　潔淨能源的「創能 × 儲能 × 用能」三位一體

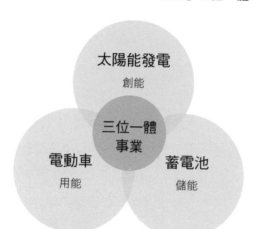

（作者編製）

態系，也都已在規劃之中。在這個各界都加緊腳步朝著去碳化社會快速前進的時代裡，特斯拉堪稱是時代的寵兒。特斯拉的股價，反映的並不是銷售量的好壞，而是在潔淨能源的「創能、儲能、用能」加乘之下，為整個生態系所創造的價值。

　　這裡要附帶提一下，其實光看電動車這個事業的發展，2020年對特斯拉而言，是個很值得紀念的一年。

　　特斯拉推出的首部國民車款「Model 3」進入量產階段，即便在疫情延燒下，交車數量仍較前一年成長了25%，創下歷年來最高紀錄。而2020年全年的財報數字，正如前面各位所看到的，是特斯拉上市以來首度出現盈餘。

　　我在撰寫《2022新世代汽車產業》（2022年の次世代自動車產業，PHP研究所）一書時，正好是Model 3量產不順，市場傳

出特斯拉可能破產，或由蘋果出手收購等消息的時候，所幸現在已可說是「撥雲見日」的狀態。以往，特斯拉都是把為符合環保規範所需的溫室氣體排放權〔碳權（carbon credit）〕賣給其他企業，以拉抬特斯拉的獲利表現。不過，看來特斯拉不靠賣碳權而年度營收表現也能有獲利的那一天，已指日可待了。

特斯拉在企業官方網站「特斯拉參與」（Tesla Engage）上，開設了一個供特斯拉車主和愛好者等族群交流的社群「特斯拉參與平台」（Tesla Engagement platform），並負責平台營運。這個社群是由特斯拉的公共政策團隊負責管理，探討主題甚至還包括許多極具社會性的議題，例如去碳化社會、災害救助、法規與消費者權益等。在《日本經濟新聞》上，就曾出現過以下這段描述：

「特斯拉在社群上討論過的具體話題，包括美國的內布拉斯加州規定新的汽車製造商必須透過經銷商才能賣車，而特斯拉在各地原則上都是直營，所以無法在內布拉斯加州設置展售中心。特斯拉在社群上還公布了有意評估放寬限制的州議會議員名單，鼓勵車主們向這些議員表達消費者的心聲。此外，德州曾因寒流引發供電危機，特斯拉在該案的災害救助通知上，還呼籲各界捐款給慈善機構。當時特斯拉正在德州建置電動車的新工廠，似乎也希望透過這個舉動，留給在地民眾一個好印象。」（《日本經濟新聞》，2021年3月6日）

從這裡也可以觀察到，特斯拉不是一家只會在電動車銷售上投注心力的公司，而是作為一家「要建構潔淨能源生態系」的

企業，他們究竟抱持著什麼樣的價值觀。此外，「特斯拉參與平台」也取代了已結束營運的車主專用資訊交流網站「特斯拉論壇」（Tesla Owner's Clubs），成為特斯拉廣泛蒐集消費者意見的管道。這也展現了特斯拉有心集結這些因為數位科技發展而日益壯大的個人力量，進而用它們來改變社會的態度。

究竟特斯拉的事業對環境產生了什麼影響呢？在特斯拉所發布的《2019影響力報告》（2019 Impact Report）當中，除了說明這件事之外，也介紹了特斯拉潔淨策略的整體樣貌。報告裡透過數據，公開了特斯拉汽車在製造及使用（駕駛）這兩個階段對環境所造成的負荷，從環境負荷的角度，來對特斯拉的電動車進行生命週期評估（life cycle assessment）。

其中特別能鮮明地呈現環境負荷狀況的，就是圖表2-7。圖中列舉出包括「用於共享汽車，以太陽能光電充電」、「個人（僅車主）使用，以太陽能光電充電」、「用於共享汽車，以傳統電網充電」、「個人（僅車主）使用，以傳統電網充電」這四種Model 3的使用型態，並與燃油車〔內燃機（internal combustion engine，簡稱ICE）〕比較，清楚呈現出車輛在製造、使用（駕駛）的生命週期當中，二氧化碳排放量的平均值。

如前所述，特斯拉所做的不只是生產、銷售電動車，還要建構一個涵蓋潔淨能源「創能、儲能、用能」的生態系。此外，特斯拉針對在車輛製造階段使用再生能源、提高車輛能源效率，以及電池組的耐用年限改善等方面，也策略性地推動多項措施，看得出這些措施其實都是特斯拉為了更進一步減碳所做的努力。

圖表2-7　美國各車款於生命週期內的平均排碳量

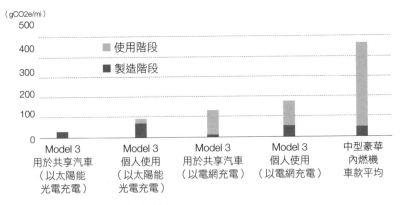

（資料來源：特斯拉《2019影響力報告》）

　　前面提過特斯拉投資了15億美元的比特幣，但社會上也出現了「比特幣對氣候變遷問題帶來了許多負面影響」（「EnergyShift」網站，2021年4月2日）之類的批判。

　　「比特幣會記錄下一段期間內的所有交易紀錄，若要新增紀錄，就必須要讓分散儲存在網路上的交易帳本資料，和要新增紀錄的那段期間裡發生過的所有交易資料吻合，並且正確記錄才行。如此龐大的運算，都是借用主動參與者的電腦資源來進行，而比特幣就是支付給這些人的酬勞。這個過程，就是在發行新的比特幣（挖礦）。

　　目前比特幣的挖礦（新增紀錄）主要是在中國運作。在中國，進行如此巨量運算所消耗的電力，幾乎都是來自燃煤火力發電廠。現在挖礦每年在全球的耗電量，已達七百八十五億度（78.5TWh），耗電等級相當於一個中型規模的國家。

　　根據荷蘭中央銀行數據科學家艾力克斯・德弗里斯（Alex de Vries）的試算，要完成一個區塊鏈上的交易（transaction），也就是挖比特幣所產生的二氧化碳量，平均大約是三百公斤。這和萬事達卡（Mastercard）交易約七十五萬次的水準相當。

　　而特斯拉引進比特幣支付，就等於是肯定上述這些環境負荷。儘管表面上看不出影響，事實上卻是相當大的問題。」（出處同前）

　　在電動車事業方面，為了建構潔淨能源「創能、儲能、用能」的生態系，特斯拉在車輛的整個生命週期當中，都選擇使用對環境友善的做法。而導入加密資產或比特幣，卻是在對環境造成不容忽視的負擔。究竟馬斯克會如何解決比特幣所造成的環境負荷與個人使命感之間的落差？我會持續關注這個議題。

在〈藍圖〉當中預告的大躍進

　　讓我們再更進一步來看看特斯拉的事業結構與經營策略。

　　將「潔淨能源企業特斯拉」的整體策略結構化之後，就可繪製出圖表2-8。包括「使命」在內的文字敘述，是我個人摘要、意譯的內容，而非馬斯克本人的說法，敬請各位知悉。

　　特斯拉的使命是要「拯救人類」，而這不僅是特斯拉的使命，同時也是馬斯克個人的使命。為了實現這項使命所揭櫫的願景，就是「建構潔淨能源生態系」──以上是我在前面說明過的內容。

那麼，特斯拉一路走來，究竟為了「建構潔淨能源生態系」而推動了哪些策略？這裡要給各位看的，是在2006年發表的〈藍圖〉（Master Plan），以及在2016年發表的〈藍圖第二章〉（Master Plan 2）。這兩份資料都已完整公開在特斯拉的官方網站上，有興趣的讀者，建議不妨抽空一讀。

就結論而言，特斯拉已完美地實現了最初的那份〈藍圖〉，而〈藍圖第二章〉也踏實地朝著實現的方向發展。

首先，〈藍圖〉當中闡明了馬斯克的一些想法，謹匯總成以下四點：

①一開始要生產高級跑車（Roadster）。
②用「①」的營收來生產價格親民的車款（Model S、Model X）。
③再用「②」的營收，來生產價格更親民的車款（Model 3）。
④在重複上述程序的同時，供應零排放的發電選項。

這樣的策略背後，究竟有什麼企圖？特斯拉要讓電動車普及，以便建構潔淨能源的生態系，但首先會碰到的瓶頸，就是生產成本及售價偏高。因此，特斯拉不得不先聚焦發展售價1000萬日圓以上的高級電動車（Roadster），也是情有可原的。即使馬斯克投入了處分PayPal所獲得的巨額資金，但畢竟還是有限。儘管如此捉襟見肘，馬斯克還是成功地實現了他的藍圖，令人大感驚奇。

圖表2-8　特斯拉的整體策略結構

使命

拯救人類

願景

建構潔淨能源生態系

策略

（2006年藍圖）

生產高級跑車
用它的營收來生產價格親民的車款
再用上述車款的營收來生產價格更親民的車款
在重複上述程序的同時，供應零排放的發電選項

行銷策略（STP）

早期是以對特斯拉哲學有共鳴的富裕階層為目標客群

行銷戰術／服務行銷組合／7P

商品（product）：從高級電動車、高級跑車開始起步
價格（price）：頂級價格
地點（place）：直營經銷網×網路銷售
推廣（promotion）：以馬斯克在個人社群網站發布的資訊為核心，形成
社群資訊→直營經銷商→網路銷售的模式
人員（people）：吸引懷抱崇高理念和個人魅力的傑出人才
實體展示（physical evidence）：建置直營經銷網和蓄電池站網等
過程（process）：水平及垂直整合模式，社群上的事前通知→預購→生產

（作者編製）

　　首先在「①」的部分，特斯拉在2008年推出高級電動車款「Roadster」後，隨即受到李奧納多・狄卡皮歐（Leonardo DiCaprio）和布萊德・彼特（Brad Pitt）等名流的支持，在市場上大受矚目。而在「②」的部分，特斯拉於2012年推出高級四門轎車「Model S」，並於2015年又推出高級多功能休旅車「Model X」。至於「③」的部分，則是在2017年推出了特斯拉的第一輛國民車款「Model 3」，售價500多萬日圓，並成功量產。目前特斯拉的主力就是這一款「Model 3」，以及在2020年推出的精緻休旅車「Model Y」。此外，如前所述，在「④」的部分則有太陽能光電公司太陽城，目前已成長到占特斯拉營收10%的水準。

　　至於〈藍圖第二章〉的部分，稍後我會再詳加描述。

　　接著，再讓我們來看看特斯拉的行銷策略／戰術。

　　這裡我要用STP的觀點，來分析特斯拉的行銷策略。所謂的STP，就是去整理出如何區隔市場〔市場區隔（segmentation）〕，要以哪個市場區隔為目標〔目標市場（targeting）〕，以及如何定位自家公司（positioning）等，是特斯拉在擬訂行銷策略時的關鍵。

　　特斯拉在早期的市場區隔、目標市場，是鎖定在「對特斯拉哲學有共鳴的富裕階層」。而如今的特斯拉，可說是已從原本「只鎖定富裕階層」的產品線，逐步朝「普羅大眾」也能接受的方向拓展中。

　　至於行銷戰術的部分，我們就用7P的觀點來切入分析。

　　特斯拉的「商品」，是從高級電動車、高級跑車開始起步。

　　而「價格」很顯然是屬於頂級價位。

　　至於在銷售「地點」方面，特斯拉透過網路直營銷售，保有了獨立性。以往汽車業界的普遍做法，是透過經銷商當仲介來賣車，而不是由汽車製造商直接把車賣給消費者。然而，特斯拉卻是透過網路，直接與消費者連結。其實他們原本也經營了一些傳統的直營展售中心，但後來竟以「要撙節成本，以便調降Model 3價格」為由，而選擇關閉大部分的展售中心，目前已全面導入網路銷售服務。消費者可隨時透過網路預約，要取消也非常簡便，就和一般的網路購物一樣，而下單後，特斯拉會到顧客指定地點交車。傳統的汽車經銷商還會提供車輛的檢修服務，然而電動車的零件比燃油車少，換機油等保養基本上都可免去，因此也不需要負責檢修、保養的經銷商。

　　在「推廣」方面，在特斯拉可說是由馬斯克親自操刀執行。他們不在大眾媒體投放廣告，而是由馬斯克自行透過社群平台發布消息。就連特斯拉的業績報告等，也都搶在公司正式新聞稿之前，由馬斯克直接告訴消費者。

　　至於在「人員」方面，則匯集了能認同馬斯克理念與願景的傑出員工；而在「實體展示」上，特斯拉建置了直營店和專用充電站；「過程」方面則可說是以「事前通知→接單→生產」等方式為特色。

從〈藍圖第二章〉解讀特斯拉現況

馬斯克幾乎完全實現了自己規劃的〈藍圖〉的想法，於是他在2016年時，又另外提出了一份〈藍圖第二章〉。

在此同樣將馬斯克的策略匯整成四項：

①打造與電池儲能系統無縫接軌的太陽能屋頂。

②擴大電動車產品，以涵蓋所有市場區隔。

③從全球特斯拉車輛的實際行駛中學習，以便研發出比人類駕駛更安全十倍的自動駕駛技術。

④讓車主可在不用車時，利用車輛賺取額外收入。

截至2021年為止，究竟特斯拉的這張藍圖實現到什麼地步了呢？就讓我們來追蹤一下計畫的進度。

以「①」而言，如前所述，其實是和特斯拉在2016年時，收購、整併了太陽能光電業的太陽城公司有關，例如推出結合太陽能發電板和屋瓦的Solar Roof，以及家用蓄電系統Powerwall；而在與Panasonic共同經營的「超級工廠」當中，則是生產安裝在電動車上的鋰電池。就這樣，特斯拉讓潔淨能源的「創能」和「儲能」無縫接軌，統一管理，以便建構潔淨能源的生態系。

至於「②」所提到的擴大電動車產品線，目前看來也發展得非常順利。特斯拉於2017年時，曾發表了Roadster的第二代產品，但開發進度目前還不明朗，傳聞將於2021年推出；大眾

休旅車款「Model Y」則是在2019年發表，2020年3月起陸續交車；另外在2017年曾推出載貨用的「Tesla Semi」；2019年則推出了具備貨車耐用性，又兼具跑車活動性能的皮卡車（pickup truck）「Cybertruck」，它那充滿未來感又獨特的車體外型，也掀起了市場熱議。

綜上所述，包括準備推出的車款在內，目前特斯拉的產品線包括高級跑車（Roadster）、高級四門轎車（Model S）、高級休旅車（Model X）、大眾四門轎車（Model 3）、大眾休旅車（Model Y）、載貨用卡車（Tesla Semi）、皮卡車（Cybertruck）。

而在「③」的部分，特斯拉蒐集了在全球各地行駛的特斯拉電動車的行車數據資料，期能讓自家的自動輔助駕駛功能「Autopilot」更進化。其實特斯拉在這裡採用了與資訊科技業製程相近的手法，而非傳統燃油車的做法，稍後我會再詳述。

特斯拉的車有一個特色，那就是它可透過軟體的「更新」來進化，就像智慧型手機一樣。而Autopilot也是這樣的軟體之一。目前市售的特斯拉在硬體方面，已為完全自動駕駛而預先作了準備，後續只要更新Autopilot，並等主管機關核准開放完全自動駕駛可在公路上行駛即可。

特斯拉的自動駕駛

特斯拉的自動駕駛功能，具有一些與眾不同的特色，例如自動駕駛車（autonomous vehicles，簡稱AV）的感測，並沒有採用

所謂的「光學雷達」（LiDAR）技術，要看懂這句話，需要有一些自動駕駛方面的預備知識。自動駕駛系統相當複雜，若用較簡化的方式來描述，它其實就是透過感測器與人工智慧（AI），執行一連串「認知→判斷→操作」的資訊處理。也就是要「認知」周邊的狀況，再根據這些資訊做出「判斷」，接著做出該有的「操作」。在傳統的汽車駕駛當中，這些動作都是由駕駛人來執行，但在自動駕駛的世界裡，這些都會由AI來代勞。

其中，自動駕駛車的「認知」工作，是由拍攝影像的攝影機、發射電波的雷達，以及發射光線的光學雷達這三者共同擔綱，相當於是自動駕駛車的「眼睛」。而自動駕駛車就是透過這些感測元件，來掌握位置，辨識周遭行人、往來車輛、障礙物、車道和建物等各種動、靜物體的動態與位置。而在這三者當中，又以光學雷達的技術最為重要。

「光學雷達」是透過光線的反射狀況，來判斷物體遠近、形狀、材質等的一種技術。它比攝影機更能克服惡劣天候，波長比雷達短，反射更強──也就是更容易找到微小的偵測對象物體或障礙物。尤其是在市區自動駕駛時，據說更是少不了光學雷達的輔助。目前正在開發階段的自動駕駛車，多半都是採用光學雷達技術。

不過，特斯拉因為「價格過高」等因素，並沒有採用光學雷達，目前是朝只用攝影鏡頭和雷達的方向努力，期能讓自動駕駛成真。

「不使用光學雷達」這個選項，在確保行車安全上究竟是不

是個正確的選擇，其實在特斯拉內部早已有過幾番討論。如今自動駕駛車輛仍會肇事，甚至造成死亡車禍，這個決定真的不需再議嗎？不使用光學雷達，在完全自動駕駛領域的競爭上，不會落後其他競爭對手嗎？這些問題，迄今都還沒有肯定的答案。

　　說穿了，其實就連自動駕駛系統的功能究竟要提高到什麼地步，完全自動駕駛才能真正開放上路，也還沒有明確的定論。自動駕駛分為五個等級，所謂的完全自動駕駛，必須達到等級四以上。特斯拉方面明白表示，現階段特斯拉的車款「在技術上可以做到完全自動駕駛」，但「目前的功能還需要駕駛人監控車輛行駛，駕駛人也有這項責任，所以不是完全自動駕駛」。

　　要做到「完全自動駕駛」，關鍵還是在於能否確保自動駕駛的高度安全性。像是豐田為了實現完全自動駕駛的技術，除了採用攝影鏡頭、雷達和光學雷達這一套「自動駕駛三件組」之外，我推測他們仍不滿足，還打算從社區總體營造的方向著手，再推動一些汰舊翻新，例如他們正在開發的實驗都市「梭織市」（Woven City），就規劃了有如棋盤狀的道路。這應該是基於「要讓完全自動駕駛車便於行駛」的考量下，所做的設計。從另一個角度來說，恐怕是豐田非常審慎看待自動駕駛，認為不做到這個地步，就無法確保完全自動駕駛的安全性吧。

　　不裝光學雷達？還是要裝光學雷達？我再強調一次，這個問題目前還沒有明確的答案。然而，選擇不用光學雷達的特斯拉，和包括豐田在內各家選用光學雷達的業者，的確形成了對立軸，

這是不爭的事實。而在這個對立軸上，選用了光學雷達的業者，看起來會顯得比較重視安全性，恐怕也是無可奈何的結果。

　　不過，光是因為這樣，就做出「特斯拉不重視行車安全性」的結論，恐怕還太操之過急了一點。未安裝光學雷達的特斯拉電動車，已在全球各地到處奔馳，而特斯拉每分每秒都在向這些車輛蒐集行車資訊，以提高Autopilot的性能。一邊是透過再三更新軟體，逐步達到完全自動駕駛境界的特斯拉；另一邊則是審慎地確保行車安全性之後，才推出完全自動駕駛商品的豐田——這除了是雙方在安全性方面的研發手法不同，也是企業哲學的對立。究竟哪一方的哲學能搶先讓完全自動駕駛實際運用在社會上呢？它們接下來的發展，實在令人非常期待。

　　這裡我還想另外再談一件事，那就是特斯拉還自行研發了自動駕駛專用的半導體。說穿了，半導體其實就相當於自動駕駛車的「大腦」。前述那一套「三件組」所蒐集來的資料再怎麼豐富，要是不能即時運算、處理這些大數據，並將結果運用在駕駛上，那麼就算有再好的資料也是枉然。因此，性能強大的半導體晶片，在自動駕駛技術當中是不可或缺的關鍵零組件。

　　特斯拉以往是用搭載輝達（Nvidia）晶片的硬體，但自2016年起便改由自家研發。特斯拉以自己的步調，布建了適合研發半導體的環境。負責指揮特斯拉半導體研發團隊的，是從蘋果延攬而來的彼得・巴能（Peter Bannon）。於是特斯拉獨家研發的「全自動駕駛」（full self-driving，簡稱FSD）晶片，就此應運

而生。它是一個透過電子電路來控制動力傳動系統、車輛轉向系統，以及煞車和冷氣等的電子控制單元（electronic control unit，簡稱ECU）。一般認為，特斯拉有了它之後，更朝著實現完全自動駕駛的方向加速前進。

車主出租特斯拉電動車，用「自駕計程車」賺一筆收入

而「④」所提到的「讓車主可在不用車時，利用車輛賺取額外收入」，說穿了其實就是共享汽車服務。特斯拉已宣布將這項服務命名為「自駕計程車」（robotaxi），屆時預計將由特斯拉網路公司（Tesla Network）來負責提供叫車服務。

具體而言，就是趁著不需用車的時段，出租自家的特斯拉電動車，藉以賺取報酬。「如此一來，就能打平每個月的車貸或租賃支出，有時甚至還能賺到額外收入，等於實質大幅降低特斯拉的持有成本，讓絕大部分的人都能擁有特斯拉的車款」。未來，特斯拉計畫讓使用者透過專用的行動app，就可叫出無人操作且完全自動駕駛的特斯拉車輛，但當前還是會先從有人駕駛開始試辦。在2019年第四季的報告當中，特斯拉公開宣布將分為：①生產實際裝有FSD軟體的車輛；②展開有人駕駛的自駕計程車服務；③轉型為無人駕駛服務三階段辦理。

根據公開資訊顯示，自駕計程車平均每一輛的造價成本不到3萬8000美元。若將車體壽命換算成行駛距離，則相當於一百萬

英哩；以年續航距離九萬英哩來計算，耐用年數是十一年；能源效率則是每一度電可跑 4.5 英哩，對此，馬斯克表示「至少還想再改善到五英哩以上」。

根據試算，平均每輛自駕計程車的行駛成本是一英哩 18 美分以下，換算成毛利的話，就是每英哩毛利 65 美分，所以一年最多可賺進 3 萬美元的毛利。換句話說，即使車主花 3 萬 8000 美元來購買自駕計程車，只要一年多就可以回本，等於是實質免費取得特斯拉電動車。

當初特斯拉發表「自駕計程車」時，馬斯克曾說「只要符合法律等各方面的規範，最快 2020 年底前就可以實現自駕計程車這個計畫」。截至目前為止，特斯拉的進度，不可否認似乎是慢了一點，但馬斯克絲毫沒有展露半點動搖。聽到有人指出這個計畫進度延宕，馬斯克說了這麼一段極具個人風格的回應：

「從以前到現在，我說要做到的事，都是我相信自己應該可以做到的。一切照計畫排程走，不是我的強項。每次我總能在最後，兌現我說過要做到的事。」

搭載完全自動駕駛功能的電動車，只要 2 萬 5000 美元

在 2020 年第三季的報告當中，介紹了特斯拉三項核心技術的發展現況。

第一項是自動駕駛。報告中提到在 2020 年 10 月，特斯拉更

新了原本的Autopilot，讓它升級成一套名叫「全自動駕駛」的系統。據了解，這一套系統透過大數據的蒐集、累積，不斷更新類神經網路（neural network）和演算法，提高自動駕駛的精準度，目前在技術上已可做到完全自動駕駛的水準。

在特斯拉使用者所上傳的影片當中，有人回報「在加州的道路上行駛了約莫六個小時，除了充電以外，都沒有人力介入操作」等消息，但也有些影片當中出現了險釀車禍的驚險畫面。各界都在期待特斯拉的這一套系統能更精益求精。

後來，馬斯克也曾在推特上發文表示，「FSD功能將在2021年推出訂閱版」。目前FSD功能的售價是1萬美元，有消息指出，如果這個訂閱的構想能實現，每月只要付約100美元，就可使用FSD。到時候就會有更多使用者能享受到FSD的好處。

在三項核心技術當中，第二項介紹的是車輛軟體。報告中介紹了這個軟體能加強資安（兩階段驗證）、用蓄電池幫車輛充電，還可以讓Model Y四輪傳動車「AWD」的車主花4.3秒，就能從零加速到六十英哩（時速一百公里），而只要花2000美元就能買得到等資訊。

至於第三項核心技術——電池與動力傳動系統，重要性更是舉足輕重。根據報告上的描述，特斯拉的目標，是「電池組平均每度電的成本撙節56%」。此外，特斯拉也宣布「電池容量每百萬度的投資金額要比現行金額撙節69%，且續航距離要增加54%」。

　　電池成本如果真能做到如此大幅度的撙節，特斯拉就能推出更平價的電動車款。而馬斯克於2020年9月22日的電池日（Battery Day，即股東大會）活動上，在眾多股東面前公開宣示「特斯拉要在三年內，生產價位在2萬5000美元左右，搭載完全自動駕駛功能的電動車」。若真能做到如此平實的價格，想必電動車的產量也會突飛猛進地增長吧。

　　馬斯克的長期目標，是要朝「電動車年產兩千萬輛」邁進，而這個數字是目前豐田生產規模的將近兩倍之多。儘管現在特斯拉的國民車款Model 3仍屬高價，但只要能做到「售價2萬5000美元，還搭載完全自動駕駛功能的電動車」，特斯拉就能切入量體更龐大的市場。

新增到生態系的「空調事業」和「特斯拉隧道」

　　永遠少不了新話題的特斯拉，在2020年又傳出進軍「家用空調事業」的消息，震驚各界。

　　從太空船、電動車到太陽能發電，究竟為什麼特斯拉還要跨足空調事業呢？不了解馬斯克懷抱什麼使命感的人，或許很難理解，但各位一路讀下來，應該可以想像得到：發展空調事業，想必也是「建構潔淨能源生態系」的一環。

　　特斯拉為建構永續能源社會，長年來都在耕耘永續電力的發電、蓄電與用電。他們在智慧家庭當中導入蓄電池和太陽能發電板，在電動車當中搭配使用節能空調。發展家用空調事業，必定

能更大幅提升家庭整體的能源效率，尤其在節能方面起步比日本稍晚的美國，若能推出使用潔淨能源的空調，想必又會在市場引發一大震撼。

　　簡而言之，對特斯拉來說，空調和電動車一樣，都是用來建構潔淨能源生態系的方法，絕不能單以家用空調這個事業來論成敗。在此，我想再提醒各位：特斯拉的家用空調事業，並不是「把原本為電動車開發的車用空調，拿來轉為家用」那麼單純的念頭。

　　另外也向各位報告，潔淨能源生態系的組成當中，還有一個出人意表的元素，那就是「特斯拉隧道」。馬斯克在2016年時，成立了一家開鑿隧道的「鑽洞公司」（The Boring Company），目前正在拉斯維加斯進行地下隧道興建工程[3]。它是一條商用隧道，串連鑽洞公司在拉斯維加斯興建的會議中心和拉斯維加斯市區。未來完工後，特斯拉電動車將在這個路段行駛，載運往返兩地的旅客。目前在芝加哥和加州聖貝納迪諾郡（San Bernardino County）之間，也在規劃興建同樣的隧道。

　　為什麼特斯拉要跨足隧道開鑿事業？其實是為了將特斯拉隧道轉做公共道路來使用，以解決平面道路上的慢性壅塞問題。

　　汽車所排放的二氧化碳量，會因為道路上的壅塞而增加，而

---

[3] 編註：2022年2月時，已成功打穿拉斯維加斯約1.3公里長、深四十英尺的隧道系統，連結起CES舉辦地拉斯維加斯會議中心南大廳與新設的西大廳。在挖完這第一條隧道後，將繼續開挖第二條平行隧道。

特斯拉想解決的就是這個問題。特斯拉隧道完工後，車輛既可用超過兩百公里的時速在地底下行駛，又可解決交通壅塞問題。說到塞車，美國加州的嚴重壅塞問題，最是廣為人知。

綜上所述，馬斯克的這些想法看似天馬行空，但其實都有個一貫的脈絡，那就是「為了建構潔淨能源生態系」。反過來說，如果忽略了這一點，就無法看透特斯拉這些事業項目真正的價值何在。

從價值鏈來比較傳統汽車產業和特斯拉

接下來，我想從價值鏈的觀點，來比較傳統汽車產業和特斯拉的差異，以便更完整地了解特斯拉這家企業的獨特性（圖表2-9）。從這個比較出發，再進一步做後續說明，各位應該會比較容易理解特斯拉是在產業鏈上的哪個環節創造出了附加價值。

在傳統汽車產業的價值鏈當中，有企劃、研發、採購、生產、行銷、銷售、保養和其他售後服務。而值得注意的是：除了這些之外，在特斯拉的價值鏈上，還要加上最具電動車特色的「充電」。如今，特斯拉正沿著全球各國的主要交通動線，設置旗下車款專用的充電站「超級充電站」（Supercharger station）。目前全球共有超過兩千個「超級充電站」，設置了逾兩萬個充電樁。在充電站可進行快速充電，只要花三十分鐘左右的時間就能完成。

圖表2-9 特斯拉的價值鏈

特斯拉的特色

企劃、研發
- 重視設計與工程,產品導向的思維
- 根據總體規劃進行企劃、研發

採購
- 不限用特定製造商
- 水平分工式的採購
- 關鍵零組件的自行研發與內製

生產
- 智慧工廠
- 由機器人負責組裝
- 推動模組化

行銷
- 重視品牌營造
- 在社群平台發布資訊
- 以行銷為基礎的生產與銷售

銷售
- 不透過外部經銷商銷售的模式
- 透過社群網站、直營經銷商和網路銷售
- 以行銷為基礎的生產與銷售

保養
- 顯然不需保養的商業模式

其他售後服務
- 重視與顧客之間長久的CRM

充電
- 「充電到電池裡」這個新環節

更新
- 「作業系統及軟體更新」這個新環節

傳統汽車產業

電動車新增

(作者編製)

　　如果還要再說特斯拉有哪些特色鮮明的環節,「採購」會是一個很好的例子。過去,外界對電動車一直有這樣的認知:「電動車的零件沒有燃油車那麼多,故可採水平分工的商業模式,車體、電池和輪胎等都向外採購即可」。然而,特斯拉在重要零組件方面,似乎有意追求自給自足,垂直整合的動作頻頻。包括搭載在電動車上的半導體,以及自動駕駛功能「Autopilot」,特斯拉都打算轉為內製,至於作為電動車大腦的ECU也一樣。通常一輛電動車上會搭載數十個以上的EUC,而Model 3只用了幾個,不過它們都是特斯拉自行研發的產品。這種做法在傳統汽車製造商看來,根本是無法想像的。

　　「傳統汽車製造商的做法,是一輛車裡搭載的ECU,分別由好幾家供應商研發,每一款ECU的內容都變成了黑箱。而要整合這些ECU,難度其實很高。要像特斯拉那樣改為內製,即使技術上沒有問題,還是可能搶了供應商的飯碗。傳統汽車製造商因為有這些包袱,所以在推動零組件內製的議題上會顯得比較遲疑。反觀特斯拉完全沒有這些顧忌,能隨時把內部認為理想的設計加入自家車款,堪稱是他們的一大優勢。」(《週刊東洋經濟》,2020年10月10日)

　　如前所述,在「銷售」這個環節上,特斯拉的做法是選擇「不透過經銷商」。

　　在「生產」方面,特斯拉用機器人組裝,並推動模組化。電動車的零組件比燃油車少,且需安裝的也不是引擎或變速箱之類的機械零件,而是以鋰電池和馬達、軟體等電子零件為主,所以

組裝方法簡單，比較容易導入機器人組裝。因此，特斯拉工廠裡的光景，與其說是汽車工廠，倒不如說更像是組裝電子產品的智慧型工廠。

特斯拉「邊跑邊想」的研發思維

在「企劃、研發」的環節上，特斯拉的特色也很值得一談。

在特斯拉，「產品導向」的思維非常鮮明，也就是對設計與工程的重視程度，更勝顧客需求。功能、設計和價格，樣樣令人耳目一新的特斯拉電動車，並不是從顧客需求發展出來的產物。如果一定要說它們是從何而來的話，應該說是「以特斯拉的使命為基礎，所做的企劃、研發」才對。

具體而言，它們其實都是依循〈藍圖〉進行的企劃、研發，背後還有著太空等級的遠大使命、願景——換言之，就是要拯救人類，所以才要建構潔淨能源的生態系。每個企劃、研發專案，都是從這個使命、願景開始往回推算。

有人用「邊跑邊想」來呈現特斯拉的研發思維，我想再談談這一點。常有人說特斯拉贏得的是「科技公司式的肯定」，畢竟它那飆漲的股價，是汽車產業的個股絕不可能出現的漲勢，而不免讓人聯想到科技公司的股價。不過，其實特斯拉的研發體系，也很有科技公司式的特色。

其中最具代表性的，就是空中下載技術（over the air，簡稱

OTA）。特斯拉的電動車隨時都與網路連線，陸續更新自動駕駛等軟體的功能。在傳統的汽車產業當中，若想提高車輛的性能，就只能直接換掉整輛車，別無他法。於是，特斯拉把在智慧型手機等科技業裡，大家早已熟悉的那一套「更新軟體」的思維，帶進了汽車產業。

於是，特斯拉的車輛就像智慧型手機一樣，不必換新車（硬體），也能不斷地提高性能。如前所述，自動駕駛功能「Autopilot」已於2020年10月時更新，目前市面上銷售的所有車款，都已為完全自動駕駛超前部署了需要的硬體和軟體。而特斯拉則是從已售出的車輛上蒐集行車資訊，儲存到雲端上。

再者，其實特斯拉的這些舉動，也可以解讀為「企圖切割軟體與硬體，並打造一個不靠硬體賺錢，或說是光靠硬體賺不了錢的機制」。中西汽車產業調研公司的中西孝樹，就做了以下這樣的描述：

「特斯拉就是所謂的確信犯，他們推動的策略，是要加速硬體價值的沒落，並透過軟體的價值獲利。特斯拉很清楚，傳統的量產車型製造商再怎麼快馬加鞭，要能真正做到OTA，也是2025年左右的事。而在那之前，特斯拉在市場上就是所向無敵。他們想趁著敵人趕上之前，盡早建立一個『靠硬體很難獲利，要靠軟體賺錢』的框架。

特斯拉把很受市場歡迎的新型Model Y車款，調降到3000美元；而全自動駕駛（FSD）功能的售價，則從最早設定的5000

美元開始，之後接連調漲三次，每次1000美元。在我撰寫本書的當下，價錢更已來到8000美元（日本國內售價為87萬1000日圓）。市場傳聞這一套FSD的毛利高達80%，光是銷售這一套軟體的邊際利潤，金額就超過賣一輛冠美麗（Camry）等傳統轎車的平均值。」〔《汽車新常態》（*New Normal*），中西孝樹，日本經濟新聞出版，2020年〕

「賣了車就結束」的汽車製造商，和賣了車之後，透過更新軟體來賺取利潤的特斯拉，賺取營收的機會截然不同。這對傳統汽車製造商而言，是很大的威脅。

「國民車等級的內燃機車型，如果改換成電動車，據說邊際利潤的落差，多達60萬日圓；換十萬輛就是600億，一百萬輛就是6000億日圓——表示傳統汽車製造商就是失去了這麼多營收機會，而特斯拉其實沒什麼好失去的。儘管目前特斯拉的獲利幾乎都是來自於出售碳權的利潤，但電動車的營收表現會隨著生產規模的擴大而好轉，生產越多，就能獲得更多賺取營收的機會。在電動車領域，特斯拉比其他競爭者都還要更早確立電動車事業的獲利能力，甚至還可以發揮價格領導者的優勢，搶走傳統汽車製造商從車輛（硬體）上賺取營收的機會。」（出處同前）

馬斯克的宏觀規劃，成了「全世界的宏觀規劃」

前面介紹過特斯拉的這些特色，若將它們全都填入「理想

世界觀」實現工作表，就會如圖表2-10所示。特斯拉發展的事業，並不是單純只在「用電動車取代燃油車」而已，他們把電動車視為實現潔淨能源生態系的方法，同時也從顧客觀點出發，翻新了傳統汽車產業的價值鏈──這才是特斯拉的新穎之處。

　　而在本章最後，我想再強調的是：要談特斯拉，當然就無法切割馬斯克這個人的為人。

　　在特斯拉的「品牌營造」方面，馬斯克的存在感也非常鮮明。他會充分運用社群平台，並且以自己的語言來闡述特斯拉的哲學、想法與堅持，鼓舞員工、顧客和社會。特斯拉因為設定了「拯救地球」這個偉大的使命、願景，在美國甚至還發展出了「要像特斯拉那樣宏觀思考」（think as big as Tesla）的說法。為了打造自己心目中理想的未來，不惜拋棄一切，不畏批判──特斯拉的電動車，體現了馬斯克的這一套生存哲學。

　　因此，選擇購買特斯拉的電動車，也等於是認同了馬斯克的價值觀。於是特斯拉車主在不知不覺間，滿足了個人在馬斯洛（Abraham Maslow）「需求層次理論」當中所謂的自尊需求和自我實現需求。

　　馬斯克的個性，也是他的迷人魅力之一。身旁的人對他的評語包括「天才發明家」、「鬼才」、「莽撞」、「瘋狂」、「騙子」、「獨裁者」、「超越賈伯斯的男人」等，不論是好是壞，勾勒出的都是一個極端的、魅力型的創業家形象。難怪劇作家在創作電影《鋼鐵人》（Iron Man）時，會以馬斯克來作為主角東

圖表2-10　特斯拉的「理想世界觀」實現工作表

「理想世界觀」：特斯拉
銷售電動車，並將它視為潔淨能源生態系的一環。透過網路與顧客連結，軟體也會適時在線上更新，終身成本也較便宜

商品（product）
銷售「電動車」這種車輛

給顧客的價值（customer value）
銷售電動車，並將它視為潔淨能源生態系的一環

價格（price）
就目前基礎設施尚未完整建置等情況來看，價格仍偏高，需仰賴補助

顧客的成本（customer cost）
出於自尊需求和自我實現需求而選擇購買，故價格算是合理，終身成本也較便宜

地點（place）
和傳統的燃油車一樣，在經銷據點販售

方便性（convenience）
門市是體驗的地方，購買都是在線上進行。在購物中心則於方便的好地點設置充電基地

推廣（promotion）
大量操作電視廣告等推式行銷策略

溝通（communication）
透過數位工具與顧客連結，軟體也適時更新

「現狀課題」：電動車
電動車本身或許很環保，但如果發電還是仰賴化石燃料，便無法解決地球環境的問題。而電動車的基礎設施尚未建置完全，車輛售價也還偏高

（作者編製）

尼・史塔克（Tony Stark）的原型。況且，如果他不是這樣的一號人物，恐怕沒人會認真相信他那一套「拯救人類」之類的願景吧？

「醒著的時間都在工作，其他人工作五十個小時，我就工作一百個小時。如此一來，我想做的事就能以旁人的兩倍速度，飛快達成」。特斯拉的車主都很期盼說得出這一番話的馬斯克，說不定真的可以「堅持到底」。

不論如何，馬斯克言出必行、堅持到底的作風，都已有前例可循。他達成〈藍圖〉和〈藍圖第二章〉裡的想法時，我實在驚嘆不已──畢竟當年他提出〈藍圖〉時，還被人訕笑，說「電動車要做到有穩定營收和量產，恐怕還很有得等吧」。

2018年4月1日，也就是愚人節當天，馬斯克在推特上發布了一則推文，上面寫著「特斯拉，破產」，「雖然我們在復活節大量銷售產品，也努力籌措過資金，但還是要很遺憾地告訴各位，特斯拉破產了」。這當然只是個黑色幽默的笑話，但馬斯克發文當天，特斯拉股價在盤中重挫達7%，頗有山雨欲來的破產氛圍，連笑話聽起來都不像是在說笑。甚至後來馬斯克也主動爆料，說「曾接洽過把公司出售給蘋果的事」。

到了2020年，特斯拉的穩定營收和量產才終於有了眉目。減碳、改開電動車──在這些全球風尚的推波助瀾下，特斯拉甚至一償夙願，轉虧為盈。而這樣的特斯拉會吸引各方投資人關注，也是很想當然耳的事。電動車固然引人矚目，但特斯拉在汽

車業界新概念——CASE[4]方面的耕耘，也不容忽視。自動化和電動化是特斯拉的雙輪，而讓特斯拉的既有車款只要更新軟體，就能轉換為完全自動駕駛車的系統，的確很先進。特斯拉不僅是電動車的先驅，日後更可望成為完全自動駕駛領域的先行者。

　　包括豐田在內的傳統汽車製造商陣營，當然不會就這樣好整以暇地看著特斯拉一路獨走，不過可以確定的是：特斯拉今後也會是一家不斷製造話題、對市場發揮影響力的企業。

---

[4]　編註：所謂的CASE，請見本書第三章「解讀『Apple Car』的六大重點」段落裡的說明。

第三章

蘋 果

在「去碳」與「公平、公正」
方面也率先因應

「Apple Car」的震撼

其實汽車產業的顛覆者（disruptor）並不只有前一章所介紹的特斯拉。電動車主要由電池和馬達組成，需要零件數量也少，進入門檻比燃油車低，因此有不少來自科技業界的新兵相繼投入車市。

日本的索尼（Sony）就是其中的一個例子。在2020年的CES大會上，索尼發表了一款配備自動駕駛技術的電動車「Vision-S」，儘管它目前還是一輛概念車，但索尼對外宣布，Vision-S已於2021年1月12日，在澳洲啟動了公路行駛測試。

再者，中國的搜尋引擎龍頭百度，也於2021年1月11日宣布與中國的汽車製造商「吉利集團」合作，共同生產、銷售電動車。百度是什麼來頭呢？它在中國政府公布的「新一代人工智能開放創新平台」當中，可是受政府委託發展「人工智慧×自動駕駛」這項國家政策專案的企業。2017年，百度推出了自動駕駛平台「阿波羅」（Apollo），在自動駕駛領域成為中國市場的龍頭企業。這樣的一家企業，又取得了吉利在汽車製造上的專業，準備推出自家品牌的電動車。

而最令人感到震撼的新面孔，就是蘋果電動車Apple Car。2020年12月21日，《路透社》刊出了一則報導，指出「蘋果跨足電動車市場目標在2024年投產」、「自動駕駛的Apple Car，將率先運用在機器人計程車和食品宅配等營業用途」。

它意味著蘋果掀起了一場「汽車產業的數位化」。

與日本企業合作的可能

向來對產品等資訊保密到家的蘋果，對這篇報導以及和研發汽車相關的細節，都沒有發表任何官方評論。不過一般認為如果要打造「Apple Car」，蘋果自己當然會投入自動駕駛技術和設計等核心技術的設計與研發，至於生產則會委由外部合作夥伴來進行。他們在生產和設計iPhone所採用的水平分工模式，和那些從設計到生產向來都自行垂直整合的汽車製造商，做出了很明確的劃分。

這則新聞曝光之後，市場傳出了許多揣測，在在反映了「蘋果要透過數位化來摧毀既有汽車業界」所帶來的震撼。舉例來說，在合作對象的揣測方面，有媒體報導「蘋果已和多家汽車製造商進行洽談合作事宜」，還點名了韓國的現代汽車、起亞汽車（Kia），以及代工iPhone的台灣企業鴻海精密工業。

在這份媒體揣測的名單當中，也包括了日產汽車和三菱汽車（Mitsubishi Motors）等日本企業。當時在《日本經濟新聞》的報導當中，就曾出現以下這樣的描述：

「尤其在日本，傳出蘋果透過位在橫濱的研發據點，與日本國內的汽車大廠及零組件廠接洽。關於蘋果是否主動洽詢一事，本田和馬自達都表示『無法評論』（公關部門），三菱汽車則回覆『傳言內容並非事實』（公關部門），而日產汽車則是不予置評。

另一方面，也有汽車大廠的幹部在受訪時並未提到是否曾與

蘋果洽談，但表示對本案『很有興趣』。某汽車零件大廠的經營層峰則指出：『豐田和本田都沒有向我們提過生產 Apple Car 的事，他們應該都會以自家的電動車事業為優先吧。』」（《日本經濟新聞》，2021 年 2 月 5 日）。

後來，日產汽車的內田誠社長也曾發言表示：「我們必須跳脫傳統汽車產業的框架，投入新型態、新領域的活動」、「夥伴關係或是跨界合作，都是有可能的選項」等。這些言論，等於是主動舉手報名參加與蘋果的合作案，也引起了話題討論。

有些報導抱持悲觀的論調，說「日本的汽車大廠，淪為蘋果的下包商」。但這對有心擘劃嶄新成長策略的傳統汽車製造業者而言，也堪稱是一個錯過不再的良機。我大膽預測，姑且先不論蘋果式「製造」的創新究竟有多大的吸引力，蘋果要建立一套汽車生產體系，還要確保汽車這項產品絕不可或缺的安全性，想必要找的應該不是單純的下包商，而是合作更密切的「夥伴」。既然如此，日本汽車製造商主動舉手報名與蘋果合作的案例，就非常合理了。

此外，《彭博社》（*Bloomberg News*）也刊出了這樣的報導：「根據蘋果提交給加州車輛管理局的報告顯示，在 2020 年進行的自駕車道路測試當中，蘋果自駕車的行駛距離是一萬八千八百零五英哩（約三萬三百公里），較前一年七千五百四十四英哩成長了兩倍以上。其中必須解除自動駕駛，切換成手動駕駛的次數是一百三十次，較前一年的六十四次增加；但若換算成頻率，則為每一百四十五英哩一次，比前一年的一百一十八英哩少。

顯示在這樣的測試環境當中，蘋果的自動駕駛技術已有提升。」（《彭博社》，2021年2月10日）。

如前所述，蘋果向來對公司的相關資訊保密到家，從已故史蒂夫‧賈伯斯（Steve Jobs）領導的時代起，外界就很難看清蘋果內部的動向。至於電動車的消息，蘋果應該也想避免在正式推出之前走漏風聲。不過，開發自動駕駛車的過程中，必須在道路上進行實際道路行駛測試，想必在申請實測許可時，消息就有可能傳開。我在2018年寫下《2022新世代汽車產業》一書時，市場上就已傳出有人親眼目睹過蘋果的自動駕駛專案「泰坦計畫」（Project Titan），也有謠傳說蘋果已經放棄發展自家品牌的自動駕駛車，專心投入自動駕駛系統的研發。然而，在過去這一段時間以來，蘋果仍鴨子滑水，一步步地推動著「Apple Car」的研發。

仔細回想，蘋果在2020年發表的iPhone 12上，其實也配備了一項自動駕駛不可或缺的「光學雷達」技術。在美國很受年輕族群喜愛的應用程式「Snapchat」等，也都運用光學雷達技術來提供讓3D物件與現實世界重疊的擴增實境（augmented reality，簡稱AR）服務。蘋果的盤算，說不定是要透過大量訂購手機用的光學雷達來降低成本，同時也把這些光學雷達所取得的大數據，運用在自動駕駛系統的研發上。我甚至覺得，說不定iPhone 12本身就是為了發展Apple Car所做的布局。

解讀「Apple Car」的六大重點

　　從一連串的報導當中，我們可以看出：Apple Car並不是單純的電動車，也不是單純的自動駕駛車，它可能會將新世代汽車的四大潮流——「CASE」全面向前推進。所謂的CASE，就是智慧化（connected）、自動駕駛（autonomous）、共享與服務化（shared & service），還有電動化（electric）。恐怕蘋果接下來要策動的，不只是「汽車」的進化，還要打造新世代汽車產業的平台，更會發動一場爭奪業界整體生態圈霸權的戰役。

　　這就是蘋果在智慧型手機業界做的事。蘋果對「製造」有著很強烈的堅持，總會以包括作業系統、應用程式和服務在內的整體生態圈來一決勝負，而不是只生產裝置，他們的智慧型手機就是一個最具代表性的例子。相對地，日本的行動電話製造商，包括恩益禧（NEC）、東芝（Toshiba）、富士通（Fujitsu）和索尼等，都只會當個行動裝置製造商，在這個領域裡打仗。正當這些日本企業還輕敵地認為「iPhone不是我們的競爭對手」時，市場就已完全落入蘋果手中了。

　　如今，汽車業界正要重演同一場大戲——蘋果要讓汽車業界數位化，進而摧毀既有的業界環境。

　　「Apple Car」很可能在三年內就會上市。屆時，既有的汽車製造商該如何應戰？我在《2022新世代汽車產業》一書當中，整理出了新世代汽車產業裡的「十大主要選項」（圖表3-1），而日本汽車製造商剩下的路其實並不多。是會淪落到只能製作車輛

圖表3-1　「『汽車×IT×電機』的新世代汽車產業」十大主要選項

1　掌控作業系統、平台和生態圈。
2　供應裝置或硬體。
3　掌控關鍵零件。
4　成為OEM、ODM或EMS廠商。
5　掌控中介軟體（middleware）。
6　利用作業系統上的應用程式或服務，成為平台業者。
7　成為分享或訂閱等服務的供應商。
8　成為維護保養和售後服務等服務的供應商。
9　成為在P2P、C2C等不同遊戲規則下的賣家。
10　缺乏特殊功能，只能在多家業者競爭的混戰區當其中一員。

（作者編製）

硬體？還是像蘋果那樣，能爭取到一個可以掌控平台或生態圈的地位？懷抱著強烈憂患意識的豐田，很明顯地是要朝「掌控作業系統、平台和生態圈」的目標邁進，但可惜仍有多家業者只打算供應車輛硬體，他們的態度，就像當年選擇只供應智慧型手機硬體的那些企業。

綜上所述，若要綜合分析「Apple Car」的策略，我認為可以整理出以下六點。

（1）以「電動車 × 自動駕駛車」為目標，而非單純的「電動車」

Apple Car顯然不是單純的電動車，而是自動駕駛車。此外，在CASE的「S」（服務部分），看來很有可能是以併用訂閱

的方式來發展。

（2）對工業設計的講究細膩入微

　　其實不只是iPhone，蘋果的所有產品，都充滿了賈伯斯對工業設計的哲學、想法和講究。蘋果不像谷歌或亞馬遜有具體的使命和願景，但對工業設計的講究，卻早已深植在蘋果的企業DNA裡。

　　觀察蘋果的事業結構，也可看出他們跨足硬體、軟體、內容和雲端等，事業包羅萬象，但營收的主要來源還是仰賴iPhone。就這個角度而言，蘋果其實是典型的「製造業」，也就是所謂的製造商。

　　既然如此，在打造Apple Car之際，想必也會追求和iPhone同樣的工業設計。屆時蘋果應該會透過委外生產來進行水平分工，卻又用把協力廠商當作自家工廠，來落實嚴謹的生產管理，並發表設計講究細膩入微的產品吧？蘋果使用者也對Apple Car懷抱著這樣的期待。

（3）不只打造產品，更講究「生態圈」

　　如前所述，蘋果雖然是製造商，但不會只想賣「汽車」這個「硬體」。就像銷售iOS和應用程式的Apple Store、音樂串流平台Apple Music等各種服務，組成了一個以iPhone為核心的生態圈那樣，想必「Apple Car」也會建構出一個以智慧型汽車為核心的全新生活服務生態圈。

（4）強調「活出自我」的生活型態品牌車款

　　請各位別忘了：蘋果這個品牌，向來都是透過產品向顧客提供「全新生活型態」的建議方案，藉以培養死忠支持者，例如提供攜帶式音樂播放器iPod搭配音樂檔案串流服務「iTunes」，讓「聽音樂＝聽CD」這件事，翻新成「聽音樂＝上串流平台聽音樂」，為顧客提供了「隨時隨地，想聽就買，隨買隨聽」的生活型態建議。此外，在電視廣告上打出了「不同凡想」（Think Different）這個訊息，鼓勵大家「活出自我」的，也是蘋果。Apple Car想必也會提供一種生活型態，而不是一輛平凡的汽車。能對Apple Car裡蘊涵的這些信念與價值觀產生共鳴的顧客，就會成為它的使用者。

（5）因應氣候變遷

　　蘋果已承諾要讓旗下供應鏈在2030年之前達到碳中和（即二氧化碳排放量與移除量加總後為零），因此為蘋果公司供應零組件的整條供應鏈，就要朝碳中和的目標邁進。Apple Car既然是電動車，就可以說它是蘋果在推動減碳過程中最具代表性的產品。要是日本的汽車製造商能接到Apple Car委託生產的訂單，當然就必須面對碳中和的議題。

（6）取代經銷商的全新銷售網

　　Apple Car究竟會不會暢銷？會怎麼銷售？這些都還是未知

數，不過特斯拉和派樂騰（請參閱第六章）應該可以稱得上是這方面的先進案例。

蘋果和特斯拉、派樂騰一樣，在淨推薦分數（net promoter score，簡稱NPS）[1]上的表現都相當傑出。這三家公司的共通點，就是它們都是做「直達消費者」（direct to consumer，簡稱D2C）生意的公司，而且都有實體門市。只不過它們的實體門市，是用來營造顧客體驗、建立社群的場域，和傳統的零售業或非數位原生企業很不一樣。

派樂騰除了在線上銷售之外，還在全美二十四家購物商場內展店。派樂騰開設這些實體門市的目的，不是要銷售健身飛輪車，而是要創造和顧客的實體接觸機會，並透過試用體驗等方式，提供優質的顧客體驗（CX）。特斯拉也一樣沒有經銷網，目前只有線上銷售和直營門市。

蘋果未來在銷售Apple Car時，應該也會採取同樣的策略——也就是說，蘋果應該會顛覆傳統汽車產業透過經銷商銷售的做法，選擇直接服務顧客。我也預期他們會比照Apple Store的模式，開設Apple Car專用的實體門市。只不過，這些門市並非銷售據點，而是提供顧客體驗、培養使用者社群的場域。

這種嶄新的銷售形式，也是對日本汽車產業提出的一大叩問。

---

[1]　編註：淨推薦分數是全球衡量客戶忠誠度和滿意度的主要指標，也能讓企業得知顧客有多願意將他們的公司推薦給其他人。

　　「真的不需要門市了嗎？完全不需要經銷商了嗎？」我們不必急著做出結論。實體展售中心應該不會消失，人力也不致於在賣車時派不上用場。

　　只不過，這些展售中心與經銷商要扮演的角色和以往相較，恐怕會有很決定性的不同。它們不能只是銷售產品的地方，而人力也不能只是為了銷售而存在。未來會重視的，是他們能否提供私人禮賓式的貼心關懷，進而持續深化與顧客之間的關係。

　　Apple Car 應該是會採「銷售」和「訂閱」雙管齊下的方式來進行推廣。所謂的訂閱，並不單只是要顧客按月付費，而是業者與顧客建立長期、永續關係的一種方法。今後顧客所找的經銷商或業務員，在成交後仍會持續陪伴顧客，厚植彼此關係，絕不會「賣了就跑」——Apple Car 帶給車市的震撼，就是這麼驚天動地。

　　若用「理想世界觀」實現工作表來拆解 Apple Car 的特色，就會如圖表 3-2 所示。由圖中可知，相較於傳統的汽車產業，Apple Car 在顧客觀點的扎根有多深。

承諾在 2030 年之前達到碳中和

　　蘋果投入電動車研發的原因之一，是為了因應前面介紹過的「碳中和」議題。

　　蘋果在 2020 年 7 月時宣布，承諾旗下供應鏈將於 2030 年之前，達到 100% 碳中和的目標。

圖表3-2　Apple Car的「理想世界觀」實現工作表

「理想世界觀」：Apple Car
演繹「活出自我」的車款。在自動駕駛的車內，透過數位工具與家中或職場等地連線，讓車子進化成一個可自由運用時間的空間。汽車本身也是因應氣候變遷問題的方案

商品（product）
車子就是用來駕駛的產品，在數位連線方面較落後

給顧客的價值（customer value）
車輛與所有生活大小事連線，車主可利用自動駕駛系統，在車上自由地做自己想做的事

價格（price）
價位高且價格缺乏彈性，不是可以隨手輕鬆購買的產品

顧客的成本（customer cost）
使用訂閱制，車主可依個人生活型態變化，更換合適車輛

地點（place）
通常會向經銷商購車，但親自到場很麻煩

方便性（convenience）
在手機上就能完成申辦、使用等手續，又有完善的Apple Car商店

推廣（promotion）
大量操作電視廣告等推式行銷策略

溝通（communication）
透過數位工具與顧客連結，在智慧型手機上就能完成與顧客之間的溝通

「現狀課題」：汽車
車子就是用來駕駛的產品，尤其駕駛人更是只能專注在駕駛上。在數位連線方面較落後，價格昂貴又不環保，越來越得不到年輕人的青睞

（作者編製）

　　所謂的碳中和，意指二氧化碳排放量與移除量加總後為零的狀態。聯合國政府間氣候變遷專門委員會（Intergovernmental Panel on Climate Change，簡稱IPCC）所提出的目標，是要在2050年之前達到碳中和；而蘋果則是打算提早二十年達標。

　　蘋果公司本身的企業活動，早已做到了碳中和。如果為蘋果供應零組件的整條供應鏈也都達成碳中和，那就表示蘋果所推出的全部產品，對氣候變遷的影響程度可做到實質淨零。蘋果在《2020年環境進度報告》（*2020 Environmental Progress Report*）當中，公布了目前已承諾配合這項目標的七十一家供應商名單，精工油墨（Seiko advance）、揖斐電（Ibiden）和日東電工（Nitto）等日本企業也名列其中。

　　據表示，蘋果可因此而減少一千四百三十萬公噸的碳排放量，相當於三百萬輛汽車所排放的二氧化碳量。蘋果的行動，可說是業界龍頭意識到科技業以往耗費大量資源且排放溫室氣體的問題，所以率先挺身而出，推動產業變革的作為。

　　而這同時也是蘋果的成長策略。在這次公布的資料當中，蘋果的提姆‧庫克（Tim Cook）執行長也表示：

　　「當前已是企業必須為開創未來做出更多貢獻的關鍵時刻。企業要創造可永續的未來，換言之，我們對大家共同擁有的這個星球——地球，懷抱著什麼共同的想望，就會創造出什麼未來。蘋果所推動的環保，背後都有『創新』的支持。而這些創新，不只是對環境友善，更有助於讓本公司產品的能效更卓越，讓可成為潔淨能源（clean energy）的新資源在全球各地運作。我們對

抗氣候變遷的行動，可望成為新時代創新的契機，也可望創造就業機會，為可永續的經濟成長奠定基礎。期盼本公司為達到碳中和所推動的各項措施，能激起一些漣漪，進而催生出更大的變化。」（節錄自 2020 年 7 月 21 日新聞稿）

具體而言，蘋果究竟要如何實現碳中和的目標呢？根據蘋果公司表示，蘋果將在 2030 年之前，減少 75% 的溫室氣體排放量，至於剩下的 25%，將以「創新的解決方案」來達成。關於這一點，蘋果提出了一份十年期的進程圖，當中包括了「低碳產品設計」、「提升能源效率」、「再生能源」、「製程與材料的創新」和「移除二氧化碳」這五大主軸。

低碳產品設計

蘋果積極選用低碳的回收素材，或加強產品回收。2019年，蘋果就減少了四百三十萬公噸的碳足跡，並於過去十一年內，將產品的平均耗能量降低了 73%。

蘋果導入機器人的措施，也掀起了一大話題。他們讓產品回收機器人「戴夫」（Dave）和 iPhone 拆解機器人「黛西」（Daisy）發揮所長，以致力推動資源的回收與再利用。

「在去年上市的 iPhone、iPad、Mac 和 Apple Watch 當中，都使用了回收素材；iPhone 的震動模組 Taptic Engine 上，更是100% 使用了回收的稀土元素。」（節錄自 2020 年 7 月 21 日新聞稿）

提升能源效率

　　蘋果公司內部推動節能不在話下，就連蘋果的整個供應鏈，也在推動提升能源效率的專案。說得更具體一點，蘋果除獲得美中綠色基金（US-China Green Fund）的1億美元投資之外，它的供應鏈在2019年全年共減少了七十七萬九千公噸的碳排放量，單就蘋果公司本身來看，光是2019年，就在面積超過六百四十萬平方呎的新舊建物上進行效能升級的投資，為公司整體降低了約五分之一的電力需求，省下了2700萬美元。

再生能源

　　目前蘋果公司在營運上的電力需求，都仰賴再生能源供給。不僅如此，蘋果還推動新的發電案場，以便讓整個供應鏈都轉型使用再生能源。

　　「為支應自家營運用電需求，蘋果公司在亞利桑那、奧勒岡和伊利諾等州設有既存和新設的發電案場，帶來了逾百萬瓩的再生能源，相當於超過十五萬家戶一年的用電量。蘋果為供應自家需求所調度的再生能源，有80%以上都是從蘋果自行開發的發電案場而來，讓在地社區和其他企業也一併受益。」（節錄自2020年7月21日新聞稿）

製程與材料的創新

　　蘋果針對產品生產所必要的製程與材料，不斷推動技術創

新，以減少溫室氣體的排放。舉例來說，蘋果透過投資及協助的提供，輔導供應商研發低碳鋁。目前在十六吋「MacBook Pro」的市售版本上，就已選用了這種素材。2019年，蘋果光是在氟化氣體（Fluorinated gases）的排放上，就減少了多達二十四萬兩千噸。

移除二氧化碳

蘋果也致力移除大氣中的二氧化碳。具體作為包括宣布「成立減碳解決方案基金，以復育並保護森林與自然生態」等，對森林的保護與再生貢獻己力。

蘋果的健康照護策略

在審視蘋果的新策略之際，不難發現有一個事業領域的重要性和「汽車產業數位化」難分軒輊，那就是「智慧健康照護」。這項事業和「Apple Car」不同，整體發展輪廓及策略都已相當明朗。

蘋果的健康照護事業，是以Apple Watch為平台作為發展的核心。

Apple Watch從第四代之後就配備了心電圖（ECG）的量測功能。事實上，蘋果一直在追求健康照護管理功能的進化，以期能讓Apple Watch達到堪稱「醫療器材」的水準。實際上，蘋果也已取得美國食品藥物管理局（U.S. Food and Drug Administration，

簡稱FDA，為美國衛生及公共服務部轄下的政府機關）的第二級醫療器材許可，現在Apple Watch正不斷地強化它作為健康管理、醫療管理穿戴式裝置的特質。

讓我來為各位做更進一步的說明。相信有不少人都在使用iPhone裡標準配備的「健康」app，它是一款可以呈現使用者「步數」、「運動時間」等資訊的應用程式，若搭配Apple Watch使用，還可呈現使用者的「心跳」和「心率變異」等資訊，一旦監測到異常，就會即時發送訊息給使用者。這項功能的確是讓這些行動裝置從原本的「健康管理」，進化到了「醫療管理」的境界。

說穿了，其實這項心電圖功能，只不過是蘋果健康照護策略的一部分。

我用分層結構的方式，將蘋果的健康照護策略整理如圖表3-3所示。

圖表3-3　蘋果的健康照護策略

擴增照護套件	蘋果的商品、服務和內容	發展實體智慧型健康照護蘋果診所	家電　保全 戶外　辦公室 汽車　其他	擴增量測套件
	智慧健康照護平台 Apple Watch和iPhone		配備 Healthkit的 IoT產品群	
	智慧健康照護的生態圈 Healthkit			

（作者編製）

　　分層結構的底層是撐起蘋果健康照護策略的基礎設施，也就是智慧健康照護的生態圈——健康套件 Healthkit。

　　Healthkit 健康套件當中包括了 Apple Watch 和 iPhone 等蘋果公司的裝置，以及透過第三方應用程式開發商提供服務的健康照護和健身應用程式，所取得的使用者個人醫療、健康等數據資料，將來還會儲存使用者在醫院的病歷資料等。使用者不僅可從已上線的健康管理 app「健康」來檢視自己的健康數據，將來還可望應用在和醫療院所的往來上。

　　市場預估，蘋果除了會把 Apple Watch 和 iPhone 等自家裝置納入這個生態圈之外，還會開放給第三方業者供應的健康照護 IoT 設備、產品群參與。未來，作為智慧健康照護平台的 Apple Watch 和 iPhone，想必也會不斷成長，並從中發展出健康照護方面的商品、服務和內容。使用者在 Apple Watch 或 iPhone 等蘋果的裝置上安裝應用程式後，就可以使用。

　　舉凡像是提供冥想、深層睡眠導引的睡前故事、呼吸訓練和放鬆音樂的「Calm」，還有具備提醒用藥、查詢用藥安全資訊等功能的「Medisafe」，以及讓取得認可的臨床醫師可存取門診表、醫院患者清單和檢查結果的「Epic Haiku」等，都是由業者研發的健康照護應用程式。日本 NTT DoCoMo 也為 Healthkit 提供了一款「d 保健」（d healthcare）app，它會配合使用者的飲食、運動和休息狀態，設定經專家審訂的「健康任務」，使用者完成任務後就可獲得 d 點數。除了能幫助使用者擁有健康的身體，這

一款app還提供使用者和其家人能隨時向醫師諮詢的服務。

　　蘋果希望能藉由Healthkit這個生態圈，為使用者或患者提供「無縫接軌的健康照護體驗」，尤其是「資訊在Apple Watch、iPhone和iPad等裝置之間可同步化」這一點，可說是Healthkit這個生態圈，以及Apple Watch、iPhone等平台的優勢。

　　蘋果也打造了供醫療研究人員研發健康照護應用程式的「CareKit」，以及供健康照護調查之用的「ResearchKit」，兩者都是開源框架（open source framework），且都已上線服務。「CareKit」提供了患者在心臟病發作後的療養建議、兒童罹患重難罕病時的健康管裡，以及糖友血糖管理等方面的應用程式；而ResearchKit則提供了能釐清帕金森氏症病況、找出更理想的自閉症診斷法，以及預測癲癇發作等方面的應用程式。蘋果將醫療專業人士社群納入這個健康照護生態圈，又準備了專業的應用程式與第三方業者的IoT產品對接，雙管齊下，不斷擴充、強化自家的平台。

　　我更大膽預期：蘋果將來會跨足開設「蘋果診所」之類的實體醫療院所。眾所周知，目前蘋果已設有搭配使用自家產品的員工診所。先從員工診所起步，經過快速的PDCA之後，待時機成熟，就擴大發展成一般診所──不可否認，這樣的發展確實是有可能的吧？

科技在醫療領域當中不可或缺的重要性，已毋須贅述。後續我在第八章還會再詳細介紹亞馬遜的健康照護策略，他們以雲端運算服務AWS為基礎，發展出了醫療數據資料服務、線上診療、線上藥局，以及語音辨識AI「Alexa」的健康照護功能。此外，亞馬遜也推出了與Apple Watch互別苗頭的穿戴式裝置，以及在裝置上適用的健康照護、健身服務等內容。想必未來蘋果、亞馬遜，以及包括谷歌在內的科技大廠，會在智慧健康照護領域掀起一場霸權爭奪戰。這裡我想特別提醒一點：在醫療生態圈當中最重要的關鍵，其實是信任與安心。

揭示「公平」這個新的價值觀

近年來，蘋果公司除了挑戰電動車和健康照護等新事業之外，還有一個不容忽視的大動作，那就是明確地揭示了「公平」這個價值觀。公平就是英文的「equity」。多元共融（D&I）是近來各界積極推動的概念，不過到了近幾年，有越來越多企業又加入了一項「公平」，強調在經營上重視「多元、公平與共融」（DEI）。這意味著企業願意包容地接納多元價值，並且公平地對待每一個人。

蘋果公司向來都將多元共融奉為「蘋果價值」。外界都很鮮明地感受到：這應該是受到庫克——在創辦人賈伯斯死後接棒的執行長所影響。

　　賈伯斯這個人，說得好聽是充滿個人魅力的天之驕子，說得難聽一點就是奇葩、怪人；相形之下，庫克給人的印象，或許就比較像個「正常人」。不過，他憑著賈伯斯所沒有的面面俱到，帶領蘋果穩健成長，無疑是當代最具代表性的經營者。

　　而我們也不能忽略這件事：庫克是美國多元共融價值的象徵。他公開出櫃，親身體現蘋果價值，並發揮獨特的領導能力與管理長才。

　　企業的品牌經營，和經營者個人的品牌經營可說是一體兩面。經營者的思維與堅持，往往會滲透整家公司，甚至是滲透到每一個產品裡。

　　「蘋果很真誠地面對女性、種族和LGBT[2]族群在就業機會上所遭遇的問題，這一點已毋須贅述。除此之外，我們也可以看到蘋果對保護個人隱私權及相關法規的支持，更面對人類過度使用科技的問題，還為了修正過度科技化的趨勢而奔走」、「庫克積極推動的，是要追求社會正義，以及追求企業與社會，甚至是全人類的永續發展」（松村太郎，《週刊東洋經濟》，2018年12月2月22日），而我也認同這些看法。

　　其實我在《2025年數位資本主義》這本書當中也曾深入探討，蘋果認為「隱私是基本人權之一」，相當重視顧客的隱私

---

[2]　編註：女同性戀者（lesbian）、男同性戀者（gay）、雙性戀者（bisexual）與跨性別者（transgender）的英文首字母縮寫。

權，還曾公開宣示絕不擅自運用顧客的個人資料。在這個隱私備受重視的時代裡，蘋果的態度加深了使用者對它的信任與安心。

此外，蘋果還強調「供應商責任」，不只公司內部遵守行動規範，還請供應商共同遵守，推動工作、人權與環保方面的改善。就這個角度而言，蘋果承諾供應鏈要在2030年之前做到100%碳中和這件事，儘管野心的確是大了一點，但其實可以說是蘋果延續既有路線的決策。

而「多元共融」也是「蘋果價值」的一環。根據蘋果的企業網站顯示，包括女性、少數民族等族群在內的「代表性不足族群」（underrepresented groups），占了蘋果總員工人數的64%以上；在美國的黑人員工人數自2014年起增加了50%，黑人主管則增加了60%；至於蘋果在全球的女性員工人數增加了70%，女性主管則增加了85%。而在全世界的每一個角落，蘋果員工只要在同一個職位上，不分性別、種族，都能領取相同水準的薪資。「different together」是蘋果揭示在企業網站上的標語，這句話堪稱是完美地汲取了蘋果這個場域的迷人之處——它是各路不同特質的人馬齊聚一堂，大顯身手的場域。

「為了種族的公平與正義」提撥1億美元

2020年6月，蘋果為實現「公平」而採取了行動——蘋果宣布將提撥1億美元，推動「種族平等與正義倡議」（REJI）。

這項倡議的內容，是要幫助那些因種族歧視等不公平待遇所

苦的族群。而蘋果發起這個活動的契機，則是反歧視黑人的「黑人的命也是命」（Black Lives Matter）運動。想必很多讀者都還記得：2020年5月，美國明尼蘇達州的黑人男子喬治‧弗洛伊德（George Floyd）遭白人警察施暴致死，引爆示威抗議的遍地烽火在全美各處延燒。這起事件發生後，蘋果也隨即發表了「反種族歧視」的聲明。而這次則是為根除歧視，所採取的具體行動。

蘋果公司表示，REJI要處理的三大主題是教育、經濟平等和刑事司法改革。具體而言，蘋果會提供2500萬美元，給早期專為非裔美國人成立的「傳統公立非裔大學院校」（Historically Black Colleges and Universities，簡稱HBCU），並在密西根州的底特律籌設一所推廣人工智慧、創業家精神等各項教育的「推動中心」（Propel Center），還要開設一所「蘋果開發者學院」（Apple Developer Academy），提供應用程式開發等課程。

氣候變遷和種族歧視，乍看之下似乎是兩個不同的議題，但其實並非如此。眾所周知，最受氣候變遷問題影響的，其實正是飽受歧視、貧窮折磨的族群。

蘋果的環境、政策暨社會事務副總裁麗莎‧傑克遜（Lisa Jackson），是負責主導REJI的要角。她表示：

「蘋果對環保所做的努力，以及為實現『可永續的未來』所準備的遠大進程規劃，是我們引以為傲之處。系統化的種族歧視與氣候變遷，其實並非個別問題，不該以個別解決方案來處理。人類能否建立更公平且對環境更友善的經濟環境？如今，我們已

來到歷史性的關鍵時刻。我們的目標,是要為下一代留下一個值得稱為『家園』的地球。在這個目標之下,我們要致力打造一個全新的產業環境。」(節錄自 2020 年 7 月 21 日新聞稿)

在蘋果,種族歧視和氣候變遷問題都放在「公平」這個名目下,兩者息息相關。蘋果彷彿是在向世人呈現今後企業將被賦予的使命──打造更公正、更公平的社會。

隱私保護是競爭策略的一環

個人資料和隱私權的保護,也是 GAFA 等數位平台業者和科技業應承擔的使命與責任。這些企業一路發展下來,累積了大量的個資,並將它們運用在優化顧客體驗與研發新服務等方面。然而,在如今重視個資與隱私的社會風潮下,大眾也開始以更嚴格的標準,檢視企業如何保護使用者隱私。

其中,以盡可能把從顧客身上取得的資料控制在最低限度,也就是把「資料最少蒐集」(data minimisation)原則作為企業隱私權政策核心的,就是蘋果公司。廣告事業並非蘋果的本業,如此回應社會重視隱私權的趨勢,不僅能得到大眾的高度肯定,還能當作一項競爭策略,用來對抗谷歌、臉書等以廣告為本業的大型科技公司。

蘋果主張「隱私是基本人權」(出自蘋果企業網站),並在執行長庫克的政策下,設定了嚴謹的隱私權管理標準,強調在各

大科技企業當中，蘋果提供給使用者最高強度的隱私保護。

　　蘋果用「把消費者放在駕駛座上」來形容自家的隱私權保護政策。他們採取的態度，是讓使用者自行管理個人資料，甚至連「希望蘋果如何處理我的個資」也可自行選擇。此外，蘋果依循「隱私始於設計」（privacy by design）的方針，所有產品、服務自研發階段起，就讓包括工程師和律師在內的隱私小組參與。

　　此外，前面介紹過的「資料最少蒐集」，在蘋果的隱私權政策當中占有相當舉足輕重的地位。這裡就以蘋果的語音辨識助理Siri為例，來說明他們在「資料最少蒐集」方面的作為。舉例來說，當使用者向Siri詢問氣象預報時，Siri會抓取使用者所在地點的大範圍內容，但不會蒐集詳細位置資訊；另一方面，當使用者向Siri詢問附近的餐廳時，蘋果會以經、緯度來掌握使用者所在位置的單點資訊，以便提供最合適的推薦選項。換句話說，蘋果會視使用者的用途需求，在必要範圍內蒐集最低限度的個資。

　　蘋果將隱私權保護政策視為競爭策略，比其他競爭者更早開始推動隱私權保護。然而即使已經做到這種地步，在現今的社會趨勢下，蘋果仍會受到大眾嚴格的檢視。最明顯的一個例子，就是在2020年CES的隱私長（chief privacy officer，簡稱CPO）座談會上，所發生的插曲。

　　某家媒體在向蘋果的隱私長提問時，拋出了這樣的問題：「這個廣告是否扭曲了事實？」「從廣告曝光到現在，是否已經有

所改善？」

　　媒體所說的「這個廣告」，指的是蘋果公司在2019年CES舉辦期間，在拉斯維加斯街頭刊登的一則廣告：「在iPhone上發生的事，只會留在你的iPhone裡」（What happens on your iPhone, stays on your iPhone）。它原本是一則用來強調蘋果重視隱私權的廣告，內容仿照「在拉斯維加斯（街頭）出的糗，就直接把它們留在拉斯維加斯」（What happens in Vegas, stays in Vegas）這句俗語，截取當中「旅途中出的糗，就把它留在當地」的概念，發展出了「在iPhone這個裝置上產生的個人資料，都只會留在iPhone這個裝置裡」這句很有蘋果特色的描述。例如使用iPhone上的地圖應用程式時，產生的相關個人資料不會與Apple ID勾稽，使用紀錄也不會儲存在蘋果的雲端上，只會留在iPhone這個裝置裡。

　　媒體會提出「這個廣告是否扭曲了事實？」這個質疑，原因如下：

　　在地圖、AI助理等可能辨認出使用者的個人資料方面，蘋果的確是只會儲存在裝置上。換言之，這些資料不會儲存在蘋果的伺服器或雲端上，也不會與Apple ID上的姓名、地址等個人資料勾稽，所以無法透過資料內容辨認使用者。不過，和Apple ID勾稽的姓名和電話等資訊，則會儲存在蘋果的伺服器裡；至於照片或健康照護資訊，則可透過個人設定與Apple ID勾稽，並上傳到雲端備份。媒體會質疑「這個廣告是否扭曲了事實」，其實問題就出在這裡。遺憾的是，蘋果的隱私長並沒有提出一個令大家

心服口服的答覆。

就連把保護個人隱私當作競爭策略來推動的蘋果，都受到社會如此嚴格的檢視，可見輿論要求企業重視隱私的聲浪正逐漸攀升。在美國，《加州消費者隱私法》（California Consumer Privacy Act，簡稱CCPA）已於2020年1月1日正式上路。逐步收緊這些與保護個人隱私相關的法規、限制，已成不可逆的趨勢。

更進一步加強保護個人隱私的相關措施

就在社會要求加強保護個人隱私的聲浪日益升高之際，蘋果公布了新一波的措施。在本章的最後，我想為各位介紹蘋果所提出的這一套方案。

蘋果在2021年1月27日時，發布了〈國際資料隱私日：提高透明度並賦予使用者權力〉（Data Privacy Day at Apple: Improving Transparency and Empowering Users）這則新聞稿。文中表示，蘋果將對iPhone等自家裝置產品上的網路廣告做出限制。

具體而言，未來安裝在蘋果裝置上的應用程式，在取得系統廣告識別碼（identifier for advertisers，簡稱IDFA）用於定向廣告之前，必須事先取得使用者許可。2020年6月，蘋果透過線上的方式，舉辦了年度盛會「2020開發者大會」（WWDC 2020），會中宣布了這項保護個人隱私的措施，並將它稱為「App追蹤透明度」（App Tracking Transparency）。

　　IDFA是蘋果公司隨機分配給每部裝置的一組字串，獨一無二。廣告主、數位廣告代理商和廣告技術供應商等業者，會從與IDFA勾稽的使用者行為與搜尋紀錄等，來掌握使用者的特質，以便用來測定數位廣告的效果，或在使用者的裝置上投放最合適的廣告。

　　除非使用者自行在裝置上設定「拒絕追蹤」，否則這些與IDFA勾稽的使用者特質資訊，就可以在不同應用程式之間共用。換言之，每一部裝置都只會被分配到一組獨一無二的IDFA，所以業者就可透過app來追蹤使用者的特質。如此一來，只要其中一家業者拿出自家的使用者特質資料，和其他業者取得的使用者特質資料放在一起比對，或許就能辨認出使用者身分，隱私權受到侵害的風險也會因而上升。

　　以往，蘋果允許應用程式開發商透過軟體開發套件（software development kit，簡稱SDK）取得iPhone等裝置上分配到的IDFA。不過，今後在新版的iOS 14、iPadOS 14和tvOS 14上，開發商必須事先取得使用者的許可才能追蹤。

　　應用程式開發商採取的商業模式，是讓這些行動裝置使用者免費使用應用程式，相對地，業者會依使用者特質，投放合適的定向廣告，藉以從中賺取收入。然而，要是使用者拒絕提供IDFA，定向廣告投放的準確度就會大幅降低，這個商業模式就可能會難以為繼。

　　蘋果在Safari瀏覽器上，已加裝了智慧追蹤防護（intelligent

tracking prevention，簡稱ITP）功能。如此一來，使用者的行為
紀錄等特質資訊就不會再被第三方追蹤。這代表了跨網站追蹤使
用者特質的第三方Cookie，在Safari上會遭到封鎖。這一套ITP
對廣告主和廣告技術供應商等業者，都造成了相當嚴重的影響。

　　而行動裝置上的「App追蹤透明度」和ITP一樣，都會對數
位廣告帶來很大的衝擊。

　　谷歌也在2020年1月宣布，以廣告為目的的第三方
Cookie，會在兩年內分階段從「Chrome」瀏覽器當中退場。如
前所述，不只收緊這些與保護個人隱私相關的法規、限制，已成
不可逆的趨勢，大型科技公司在「隱私權科技」上所做的努力，
也會變得更積極。

　　而在這樣的風潮下，2021年5月，蘋果在中國貴州省興建的
資料中心正式啟用。它是依照中國加強網路管理後的新規定所建
置的，但在5月17日出刊的《紐約時報》（*The New York Times*）
當中，刊登了〈蘋果在中國的大妥協〉（Censorship, Surveillance
and Profits: A Hard Bargain for Apple in China）這篇報導。

　　該篇報導批評蘋果，即使是在中國，都不應該讓中國消費者
的資料曝露在被政府掌控的風險之中。報導中也指出，蘋果用來
為加密資料解密的金鑰，原本是儲存在美國境內，如今已改存在
中國。而中國政府可不經蘋果同意，就輕鬆存取使用者的電子郵
件信箱和聯絡人等資訊。報導中也指出庫克像政治人物似的頻繁
訪中，與中國政府高層會談，並批判他的親中態度。其他美國媒
體也報導了蘋果在個人資料處理上對中國政府讓步的消息。向來

因為重視個人隱私而備受各界肯定的蘋果，在美中新冷戰的情勢下，其態度又再度受到考驗。

　　前面為各位介紹了蘋果最具代表性的幾個熱門話題，包括 Apple Car、碳中和、醫療數位化、隱私權保護等。綜觀下來，想必各位可以明白：蘋果追求的，就是「數位×環保×公平」的加乘綜效，期能打破科技業界的藩籬，成為領導整個業界的龍頭。

　　其實說穿了，儘管蘋果向來因為重視公平、隱私等價值觀而備受肯定，但如前所述，他們在中國的表現似乎還稱不上是盡善盡美。在新環境、新天地之中，企業究竟該如何兼顧「公平、公正」與事業發展？蘋果動見觀瞻。

第四章

賽富時

成為「全球最強SaaS企業」的七大理由

Salesforce

「客戶成功」的代名詞

賽富時是由曾於甲骨文（Oracle）公司任職的馬克・貝尼奧夫（Marc Benioff）在1999年創立的企業。當年即使是在美國，說到資訊科技業界，仍是以「承接大企業的訂單，研發出軟體後交貨」的承攬型商業模式為主流。然而，賽富時卻主張要當「軟體終結者」，強調「軟體即服務」（software as a service，簡稱SaaS）。他們先是讓銷售力自動化（Sales Force Automation，簡稱SFA）、客戶關係管理（Customer Relationship Management，簡稱CRM）這兩款雲端服務上線，接著更壯大成一家透過雲端提供行銷、客戶服務和電子商務等「全方位商務」支援服務的公司。

目前賽富時的核心事業，是一套名叫「Customer 360」的整合型CRM平台，由包括業務、行銷在內的所有部門通力合作，提供客戶一站式的支援服務。「Customer 360」名符其實，三百六十度全方位承接住客戶需求，吸取客戶資訊並做集中式管理，引導企業找出最理想的解決方案。

賽富時這家企業，同時也是「客戶成功」的代名詞。或許有些讀者還不太熟悉「客戶成功」這個詞彙，但其實它不僅在賽富時常見，其他SaaS企業也很常用，重要性堪稱是與日俱增。「客戶因為我們提供的服務而成功，繼而讓我們得以與其續約，甚至可以追加銷售」這就是所謂的客戶成功。

在傳統的承攬型商業模式當中，業者只會拿出高價的軟體「賣了就跑」；而 SaaS 則是要讓客戶「持續使用」，才有收益進帳的商業模式。既然要讓客戶持續使用，就必須要有「客戶成功」。因為客戶在使用了 SaaS 企業的服務之後，要能看到成效——例如與終端使用者成交，或營收出現成長等，SaaS 企業才能逃過遭受解約的命運。

換言之，只要顧客不成功，SaaS 企業也就不可能成功。包括賽富時在內，這些 SaaS 企業很明白自己該做什麼，所以才會如此貫徹對「客戶成功」的執著。

創業迄今二十年，賽富時一路累積了許多客戶成功的經驗。它那超越豐田、直逼 GAFA 的總市值，堪稱是用客戶成功所累積出來的成果。即使是在新冠病毒疫情狂燒之下，各行各業加速推動數位轉型，更激勵了賽富時的成長，繳出了大幅超越預期目標的亮麗營收。

如果還要說有什麼值得一提的話，那麼賽富時獨特的企業文化，也是個備受矚目的焦點。賽富時在「工作起來最有成就感的企業」等排行榜屢獲表揚，也很積極地回饋社會。他們有一套「將產品、股份、工時的1%捐給非營利組織」的機制，吸引了許多企業競相模仿。

賽富時的創辦人貝尼奧夫，其實也是一個個性很鮮明的人。賽富時公司的成長，除了是 SaaS 事業的成長之外，貝尼奧夫執行長獨特的價值觀與哲學，引發了客戶的共鳴，進而發展出了

「生態圈」，更帶動了企業的成長。

在分析賽富時為何能成為卓越企業之際，有七項關鍵重點，謹匯整如下。

卓越的理由① 「使命×事業結構×營收結構」三位一體的經營

第一個重點，是以客戶成功為核心，發展出「『使命×事業結構×營收結構』三位一體的經營」。換言之，「使命」、「事業結構」與「營收結構」這三者已被牢牢地綁在一起，難以分割，並以實現「客戶成功」為共同目標（圖表4-1）。

圖表4-1 「使命×事業結構×營收結構」三位一體的經營

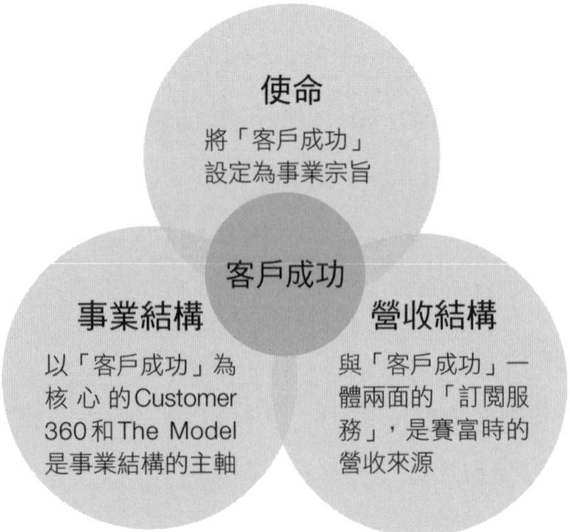

（作者編製）

Salesforce

　　這裡設定的使命就是「客戶成功」。前面已經介紹過「客戶成功」的意涵，如果要再加入一些賽富時官方網站上的說法，那麼它就是「先帶領客戶的事業邁向成功，好讓我們也藉此取得成功果實」的概念；「客戶的成功與否，直接關係到我們的成功，也就是所謂的雙贏關係」。

　　賽富時在事業結構的主軸當中，也融入了「客戶成功」的想法。不論是「Customer 360」，或是稍後會再詳細介紹的「The Model」，它們的使命都是要做到「客戶成功」。

　　在營收結構方面，賽富時也是以訂閱服務為主軸；而「續約」則是訂閱服務的命脈。如前所述，要讓客戶願意續約，才是真正的「客戶成功」。

　　就結果來看，賽富時實現了三位一體的經營──賽富時的事業與營收擴大，造就了客戶成功；而客戶成功也促進了賽富時的事業與營收擴大。

卓越的理由② 　傾整個生態圈之力來提高市占率

　　賽富時所提供的各項服務，都是由平台結構所組成，也對第三方（third party）開放。而最能完整呈現這項特色的，就是賽富時的「AppExchange」。

　　「AppExchange」提供了數千種可於賽富時平台上使用的應用程式，概念上或許可說是和蘋果的「Apple Store」相似。平台上不只提供賽富時自行研發的應用程式，也鼓勵第三方業者參

與，共同成長。這種把平台當作生態圈來經營的概念，也和蘋果雷同。

賽富時在日本與律師網（Bengo4.com）經營的「雲端簽署」（CloudSign）合作的案例，就是屬於這一類。「雲端簽署」是一種不必使用「紙本和印章」，就可以在雲端上完成簽約作業的服務，本身就是屬於SaaS。不過，它與賽富時合作之後，使用者就可與賽富時平台上所管理的客戶簽約。

這裡我想請各位特別關注的，是由雲端簽署和賽富時所打造的一個生態圈。取代「紙本和印章」的，其實並不是某項替代產品或替代服務，而是一整個生態圈。

它讓我想起了諾基亞（Nokia）的故事。早期諾基亞享譽全球，各界盛讚「說到行動電話就想到諾基亞」，還說它是「芬蘭奇蹟」、「科技神童」，但在iPhone等智慧型手機崛起後，諾基亞被逼到窮途末路，面臨倒閉危機。當時諾基亞的執行長曾發給全體員工一封電子郵件，信中寫道：「我們的市占率，不是被其他競爭對手推出的行動裝置搶走，而是被整個生態圈搶走了。」這裡所謂的競爭對手，指的就是蘋果和谷歌。

同樣的道理，套用在賽富時這家公司也適用，例如它的Customer 360就不是一套單一的服務，而是結合了銷售力自動化和CRM等多款支持客戶業務發展的應用程式，三百六十度全方位承接住客戶需求的平台。

賽富時追求的，不是用某項特定的服務產品來衝高市占率，而是要完全掌握客戶在商務上會運用的平台。此外，從雲端簽署

的案例當中，我們可以看出賽富時還有一個企圖，那就是要與各式各樣的SaaS業者合作，營造出一個生態圈，以推升市占率。

就像這樣，賽富時的Customer 360，不是只有自己唱獨角戲，而是拉攏其他SaaS供應商共同參與，營造出「想要什麼，去賽富時的平台找就對了」的狀態，就像是亞馬遜在消費者心目中的地位一樣。

卓越的理由③　崇尚「開拓者」的價值觀

貝尼奧夫是創辦賽富時的經營者，他有一本著作叫《開拓者：企業的力量是改變世界最好的平台》（*Trailblazer: The Power of Business as the Greatest Platform for Change*；繁中版由天下文化出版，日文版由東洋經濟新報社出版）。

開拓者的英文是「trailblazer」。貝尼奧夫曾說，「要推動創新，就必須永遠當個開拓者」。在客戶公司裡負責承辦賽富時運用業務的窗口，也是開拓者。「不固步自封，勇於開拓新世界」──這是賽富時很重視的一項價值觀。

貝尼奧夫本人當然是個開拓者，賽富時的每位員工，也都是開拓者。重點是他們甚至把客戶都稱為開拓者，把客戶社群也命名為「開拓者社群」（Trailblazer Community）。前面我提過，賽富時是「傾整個生態圈之力來提高市占率」，而這裡所謂的生態圈，也可以說是由「認同『開拓者』這個價值觀的人」，所組成的生態圈吧。

　　「賽富時的成長」其實不單是指事業上的成長。他們強調「開拓者」這個價值觀，並以此吸納客戶所組成的生態圈，也不斷地茁壯。

卓越的理由④　四大核心價值（信任、客戶成功、創新、平等）

　　賽富時在創業之初，就提出了四大核心價值——「信任」、「客戶成功」、「創新」和「平等」。如果光看字面，或許不會覺得它們有何稀奇之處，不過值得一提的是：賽富時公司人人都願意「成為開拓者，對外推廣這些核心價值」的意念。

　　貝尼奧夫很積極地在社群網站上談這些核心價值，甚至還曾因為針對「平等」這個敏感的價值觀發言，而在網路上引起「公審」。然而，貝尼奧夫完全不為所動，後來還在他的著作《開拓者》當中，記錄了許多諸如此類的失敗經驗談。

　　賽富時無意像其他企業那樣，掛出幾個不痛不癢的價值觀。他們不畏與人產生摩擦，積極強調自己所信仰的核心價值，甚至還打算對外推廣——這也是賽富時的「開拓者」精神。在GAFA的經營者身上，我們找不到這樣的態度，因而更彰顯了貝尼奧夫這位「開拓者」的形象。

　　要提升企業在社會上的存在價值，以拉抬品牌力時，需要的不只是事業蒸蒸日上或前景看好，企業「如何回饋社會」的觀點，也非常重要。把「希望變成這樣的社會」、「希望將社會朝

這個方向改革」的心願，融入企業的核心價值，再由每位員工身體力行，進而創造出一種新的社會文化。我想就是這樣的意念和行動，推升了賽富時的價值吧。

卓越的理由⑤　以「V2MOM」落實目標管理

賽富時在目標管理上特別重視「五個問題」，而V2MOM正是它們的英文字字首。

Vision（願景）：想達成什麼事？
Values（價值）：在達成過程中有何重要信念？
Methods（方法）：要如何達成？
Obstacles（阻礙）：達成過程中的阻礙是什麼？
Measure（標準）：如何衡量成果？

V2MOM的目的，是要讓企業願景滲透到每一個員工心裡，同時也用來衡量目標完成度，並給予評價。賽富時主張「企業組織的管理，皆以V2MOM為基礎」，而它的效用，包括「能對發展事業的方法滿懷信心」、「能釐清目標，擬訂路線，並整理出實現目標的方法」、「能展現出不斷追求進化的態度」。賽富時的願景能不只停留在「口號」，就是因為他們每天都透過V2MOM來確認企業願景的緣故。

就管理學的觀點而言，要執行已訂定的策略，來驅動人或組

圖表 4-2　用來管理目標的五大問題「V2MOM」

Vision（願景）：想達成什麼事？

Values（價值）：在達成過程中有何重要信念？

Methods（方法）：要如何達成？

Obstacles（阻礙）：達成過程中的阻礙是什麼？

Measure（標準）：如何衡量成果？

（作者編製）

織時，「領導」和「管理」這兩大引擎至關重要。大多數的管理
手法，都會把重心放在數字或資源等項目的管理上；相對地，賽
富時的 V2MOM 則是由願景和價值等項目所組成，而這些項目都
需要領導者發聲說明。V2MOM 充分發揮了在領導和管理上的功
能，故可說是不偏不倚、均衡合宜的管理工具。

　　V2MOM 自賽富時創立的 1999 年起，就一路沿用至今。儘
管多年來 V2MOM 的內容和目的都經過升級，但想必是因為從當
年就持續運用這一套 PDCA 指標，如今才會在賽富時的組織裡成
為根深柢固的文化。

卓越的理由⑥　名為「The Model」的業務推廣流程

賽富時還有一套名為「The Model」的業務推廣流程也很有特色，它過去是一套只有賽富時使用的工具，如今在SaaS業界已被普遍運用。它的兩大特色如下（節錄自賽富時官方網站）：

- 明確劃分每個業務推廣流程，並將各個階段的資訊數字化、視覺化。
- 負責處理各個階段的部門彼此合作，以提升顧客滿意度。

「The Model」的具體內容如圖表4-3所示。首先將業務推廣流程分為行銷、內勤業務、外勤業務和協助鞏固這四個階段，接著再將各個階段以「母數」、「成功率」和「目標」等數字來呈現。這裡的重點，是各階段的目標，會化為下一個階段的母數。

狹義而言，圖表中的第四階段「協助鞏固」就等於是「客戶成功」。換言之，所謂的「The Model」，也可以說是為實現客戶成功所設定的關鍵績效指標（key performance indicators，簡稱KPI）。

此外，賽富時還提出了導入The Model機制的幾項優點，包括「可看出業務推廣流程中的弱點何在」、「只要做好分工，就能提升專業度」、「資訊共享，強化部門間的聯繫」、「還能看出哪些未成交訂單可以撈回來」。

圖表4-3　業務推廣流程「The Model」

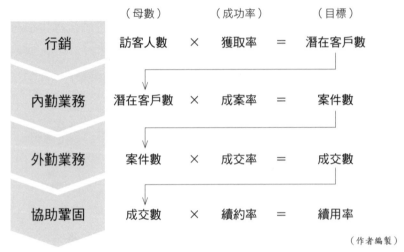

（作者編製）

說得更明白一點，其實這些都是貝尼奧夫在甲骨文公司體驗過的業務推廣流程，如今已成為賽富時的優勢。

耐人尋味的是，賽富時還把這一套方法介紹給客戶，並輔導客戶引進。他們有很多客戶都在做 SaaS 生意，所以能和賽富時適用同一套要訣，其實也不難想像。而此舉也讓以賽富時為核心的生態圈又更加壯大。

賽富時並沒有把「The Model」當作只屬於自己的「獨門秘訣」，反而還向其他企業開放，期能做大 SaaS 的市場大餅；同時，賽富時也把這些企業網羅到自家平台上，讓賽富時生態圈更牢不可破。換言之，說「The Model」就是用來壯大賽富時生態圈的商業模式，應該也不為過。賽富時那份不只求自掃門前雪，

而是樂於與企業夥伴共同做大市場大餅的使命感，也已投射在「The Model」的推廣策略上。

卓越的理由⑦　貝尼奧夫的個人品牌經營

企業的品牌形象或領導風格，往往鮮明地反映了創辦人的個人領導風格與個人品牌經營。創辦人對自家事業的心態、哲學和堅持，會滲透到企業的每個細節裡，甚至還會向外部擴展。

賽富時也不例外。四大核心價值、開拓者精神，以及 The Model 等，都源自於貝尼奧夫，而他對這些概念的執著堅深，感染了員工、客戶，甚至是社會，也直接帶動了企業的成長。

前面介紹了賽富時的這些優點，我把它們改寫成「理想世界觀」實現工作表之後，就會如圖表4-4所示。

經過這一番匯整，我認為賽富時最大的特色，就是貫徹追求「客戶事業成功」。這當然是出於創辦人貝尼奧夫那份堅定的執著，但在它背後的「貫徹顧客中心主義」，也不容忽視。

客戶成功與否，直接牽動賽富時的事業結構與營收結構——這一點正是他們貫徹顧客中心主義的明證。在事業結構方面，從研發、銷售客戶關係管理（CRM）和銷售力自動化（SFA）工具起步的事業基礎，後來應客戶需要而不斷壯大，如今在「Customer 360」這個名稱之下，一字排開的都是企業拓展事業所需的各種解決方案。此外，賽富時可不只是「賣了就跑」，而

圖表4-4　賽富時的「理想世界觀」實現工作表

「理想世界觀」：賽富時
以「客戶成功」為使命，並將它融入事業結構和營收結構之中，更將事業轉型，讓客戶可視自己在賽富時的「客戶成功」狀況，靈活選擇想使用的服務來使用

商品（product）
承攬型的軟體研發

給顧客的價值（customer value）
客戶可視自己在賽富時的「客戶成功」狀況，靈活選擇想使用的服務來使用

價格（price）
要價不菲，轉換成本也高

顧客的成本（customer cost）
訂閱式方案，用多少就付多少

地點（place）
以向企業法人推銷為主

方便性（convenience）
除了發揮訂閱的特性，讓客戶可自由選用想用的服務之外，還可在線上選用其他公司提供的服務

推廣（promotion）
操作電視廣告等傳統的推式行銷策略

溝通（communication）
在線上與客戶連結，並在線上和線下都組成社群

「現狀課題」：傳統型的軟體業界
承攬型的軟體研發，要價不菲且轉換成本也高，在方便性和靈活度上還有待改善

（作者編製）

是以導入服務前、導入當下、一個月後、三個月後，甚至是半年後等區間，在不同導入階段，為客戶的事業發展提供不同的支援。還有，賽富時不僅在解決方案的用法上提供協助，還會深入參與客戶的業務改善等。

而在營收方面，賽富時自草創之初就只仰賴訂閱模式來拓展事業。當時市場上絕大多數的同業，都還採取「一次買斷軟體功能」的銷售模式，而賽富時卻大膽地選擇在「訂閱」上孤注一擲。

對企業而言，用「訂閱制」可輕鬆導入新軟體，所以賽富時更有機會接到訂單。但也由於雙方簽訂的是定期契約，故要承擔易遭解約的風險。就算賽富時的解決方案一時之間成交量大增，業務發展得風生水起，但只要客戶的業務遲遲不見成長，賽富時被解約的可能性就會大增。到時候，賽富時自己的業務也會隨之萎縮。

綜上所述，這種以企業法人為對象的訂閱服務，成敗端看客戶的事業發展是否成功——即使明白這個道理，仍願意選擇這一套營收模式的賽富時，更讓人得以從中窺見它對客戶成功的重視。

我在分析企業競爭力時，會觀察企業的營收結構、事業結構與使命是否三位一體，正常運作？而我認為，賽富時就是完整做到這個項目的卓越企業。

各位所屬的企業，有什麼樣的使命？事業結構、營收結構又是如何？是否做到了「使命 × 事業結構 × 營收結構」三位一體

的經營？

　　企業不論客戶的國籍、業界或業種，都要能真心希望客戶成功，並將這份心願融入實際的事業、產品和服務之中，成為真正的「顧客中心主義企業」，才能生存下去——我們已經進入了這樣的時代。期盼各位能從賽富時卓越的理由之中，找到能讓自家企業優勢更精益求精的靈感。

第五章

微 軟

雲端大反攻的下一步，是「環境運算」

Microsoft

第四個平台是「混合實境」（MR）

新冠病毒疫情使得數位轉型的腳步更加快速，催化了人在工作方式、生活方式上的轉變，讓微軟的業績氣勢如虹。在2021會計年度的第二季，微軟的營收較去年同期成長了17%，達到431億美元，稅後淨利則有155億美元，兩者都創下了新高。

我在前言當中，曾介紹過微軟執行長納德拉在2021年CES活動上的這段談話：「新冠病毒的疫情，讓我們在兩個月之內，完成了原本該花兩年才能做到的數位轉型。」

納德拉執行長分析了當前的成長是來自於社會的數位轉型和雲端化發展，例如遠距辦公的增加，帶動了雲端需求的成長，使得微軟的雲端運算服務Microsoft Azure（以下簡稱Azure）較去年同期成長了50%。

回顧過去，在個人電腦的時代裡，微軟憑著作業系統Windows，與半導體大廠英特爾（Intel）組成了「Wintel聯盟」，主宰了整個市場。然而隨著裝置領域的成長，市場從個人電腦轉移到了智慧型手機，「Wintel聯盟」便在霸權爭奪戰中輸掉了江山。

2014年，在微軟歷經「失落的十年」後，接下執行長重擔的，正是來自雲端運算部門的納德拉。納德拉執行長大刀闊斧地改革了微軟的事業與企業文化，帶領微軟重返科技業界的龍頭地位，將總市值推升到了可與蘋果等企業一較高下的水準。

如今的微軟，是以「建構智慧雲端平台」為策略主軸，並將

Azure這項雲端服務定位為最重點發展領域之一。至於這項策略的詳情，稍後我會搭配納德拉執行長所推動的改革內容，一併說明。

　　現在，微軟除了雲端之外，還有另一個發展重點，那就是「混合實境」（MR）。

　　所謂的MR，就是混合真實與虛擬世界的一項科技。在此，我用各位比較熟悉的虛擬實境（virtual reality，簡稱VR）、擴增實境（AR）來做對比，為各位說明何謂MR。

　　首先，所謂的VR，就是讓我們可以體驗實際進入虛擬世界的一種科技。舉例來說，在模擬外星人入侵地球，而玩家必須打倒外星人的VR射擊遊戲當中，你我都將化身為真實的戰士，走入由電腦動畫的3D影像打造而成的入侵場景或戰場。

　　而AR則是將真實世界與虛擬世界疊合在一起的科技。舉例來說，手機應用程式遊戲「Pokemon GO」，就是由真實世界的玩家，去捕捉那些出現在真實世界的虛擬寶可夢。

　　至於MR則可說是比AR的虛實「疊合」更進一步的科技，發展到更密切的「混合」境界。舉例來說，MR可以讓在真實世界裡分別身處於東京、曼谷、倫敦和紐約等地的工程師，在虛擬環境中看到一輛還在研發階段的電動車，一邊觀察馬達、動力傳動裝置的全像立體影像（holographic），一邊當場討論它們的設計與生產，或碰觸這些影像，甚至還能直接變更設計。換言之，就是在真實世界裡的好幾個人，可從多個不同地點進入虛擬世

界，同時進行「體驗」、「接觸」和「加工」等。實體和虛擬，在MR當中會做到真正的「混合」。

近年來，VR和AR變得越來越貼近我們的生活。在5G普及的推波助瀾下，未來MR除了運用在遊戲、娛樂和商務之外，還可望運用在醫療、照護、學術研究和日常生活等各種領域。在2021年的CES大會上，MR也相當受到各界關注。

微軟對MR的定位，是在1970年代的「大型主機」（mainframe）、1990年代的「個人電腦」，以及2000年代的智慧型手機之後，繼之而起的第四個平台。

微軟在2016年時，已推出了「HoloLens」這款可適用AR和MR的頭戴式顯示眼鏡；到了2019年，又推出了「HoloLens」的

MR裝置「HoloLens 2」

（資料來源：微軟企業網站）

新一代機型，是一款可體驗MR的「HoloLens 2」。HoloLens 2不單只是一部MR裝置，它還內建了Windows，簡直就可以說是一部全像攝影電腦。它沒有外接電池組和多餘線材等可能限制行動自由的配件，當然也可以連Wi-Fi上網，使用者可以戴著「HoloLens 2」自在行動或移動。詳情稍候我會再做介紹。

MR平台策略的核心「Microsoft Mesh」

到了2021年3月3日，微軟在直播活動「Microsoft Ignite」當中，發表了堪稱微軟MR平台策略核心的「Microsoft Mesh」（以下簡稱Mesh）。

Mesh這個技術平台的設置，是為了供微軟和第三方業者研發以Azure為基礎的MR應用程式，以及使用MR應用程式所需的裝置或硬體。它雖然是微軟推出的一項新服務，卻不像HoloLens 2那樣直接賣給客戶使用。它的概念，其實就像是供智慧型手機使用的作業系統「iOS」或「安卓」（Android），或者像是中國百度所建立的自動駕駛平台「阿波羅」，而Mesh就是Azure上提供的功能之一。

目前Mesh就是像在Microsoft Ignite上所呈現的那樣，MR應用程式是以開會、溝通用的「Altspace」為主，而裝置則是以HoloLens為主。不過，既然Mesh是一個技術平台，未來應該還會網羅更多元的第三方業者參與，並支援更多MR應用程式或裝置——也就是說，Mesh的確會成為微軟在MR策略上的核心。

　　在Microsoft Ignite的直播當中，Mesh的介紹場次是由納
德拉執行長開場，先就微軟的雲端策略進行專題演講，再請到
人稱「HoloLens之父」的技術研究員艾力克斯‧奇普曼（Alex
Kipman）帶領體驗。奇普曼在簡報一開始，就先說了這段話：
「一個人做的夢，那就只會是個夢；但眾人一起做的夢，那就叫
做『現實』。」接著才介紹Mesh的研發理念。之後他又用「走
到哪裡都能連線」、「感受彼此存在」、「一同體驗」這三個概
念，來說明微軟所提供的MR體驗。

　　奇普曼在簡報當中介紹了幾個MR的應用案例，包括
「Pokemon GO」的演示、外科手術、遠距診療和海洋學研究
等。此外，電影《鐵達尼號》（*Titanic*，1997年）、《阿凡達》
（*Avatar*，2009年）等片的製作人，同時也是海洋探險家的詹姆

Microsoft Ignite上的奇普曼和克麥隆

（資料來源：Microsoft Ignite發布的影片）

斯‧克麥隆（James Cameron），當天也透過「MR」的形式，從紐西蘭參與了這場盛會。

「Mesh」的元件

在Microsoft Ignite上，除了奇普曼出席的活動之外，還有另一場活動，簡要說明了Mesh的技術平台。

在這場活動當中，微軟提出了六種預期的MR體驗，包括「遠距提供專業技術或技術知識」、「一起學習、練習」、「同時參與活動或會議」、「當場取得資訊」、「共同規劃、設計」、「一同連線並創造」等。接著，微軟也指出要能達成這些MR體驗，會面臨以下四個技術上的問題：

- 將真實世界的人合宜地呈現在MR空間中。
- 不論何時，也不管使用何種裝置，都要讓使用者的全像片穩定地出現在彼此共用的MR空間裡。
- 支援所有客戶使用的檔案、格式，以便將現實世界裡的人物，在MR空間裡做成擬真的3D模型。
- 在參加MR空間裡的會議時，該如何讓分處不同地點的多位成員同步呈現動作、表情。

在混合虛擬和實體的MR體驗當中，這每一項都是不可或缺的必備條件。微軟的目標，就是要在Mesh上解決這一連串的問

題，提供更細膩的技術環境。而第三方業者在研發 MR 應用程式時所需的架構說明，就如圖表 5-1 所示。

　　研發 MR 應用程式所需的元件可分為三層。

　　第一層是「支援多種裝置」。使用者除了可使用微軟的「HoloLens 2」之外，也可透過惠普（HP）或臉書旗下 Oculus 所供應的頭戴式顯示眼鏡，以及配備 iOS 或安卓的智慧型手機、個人電腦等各式裝置，來體驗 MR。

　　第二層則是「開發者平台」。這裡備有開發者所需的各項功能與工具，是 Mesh 的核心。

圖表 5-1　MR 應用程式研發架構

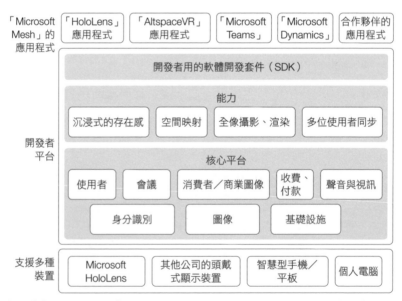

（資料來源：微軟企業網站「Microsoft Mesh—A Technical Overview」，日文版由作者翻譯）

　　而「核心平台」則是「開發者平台」的根基，提供 Azure 的功能。包括利用身分識別服務，讓通過驗證的正式使用者進入安全且可信的會議；核准使用者帶入的連結、內容和環境設定的功能；還有收費、付款，傳送聲音和視訊，以及管理即時動態的基礎設施功能。

　　在這個「核心平台」之上，則有運用人工智慧提供的「能力」（capabilities）。它們定義了 MR 的能力與特色，也就是在處理前面提到的技術課題，並具體說明在 Mesh 上可以得到什麼體驗。微軟在這裡所列出的科技能力，包括「沉浸式的存在感」（immersive presence）、「空間映射」（spatial maps）、「全像攝影、渲染」（holographic rendering）和「多位使用者同步」（multi-user sync）這四個項目。

　　在「沉浸式的存在感」當中，MR 除了能利用虛擬分身來提供 3D 的存在感之外，還可做到全像投影傳送（holoportation）。「全像投影傳送」是結合了「全像攝影」（hologram）和「遠距傳送」（teleportation）所組成的新詞，內容則是一種能讓立體重現的拍攝對象（全像攝影）移動到他人面前並飄浮（遠距傳送）的技術。

　　「空間映射」則是可跨越地理空間和裝置的限制，放置可持久的全像片。而「全像攝影、渲染」可將現實世界裡的人、物做成擬真的 3D 模型。至於「渲染」（rendering）則是以數據資料的集合為基礎，進行運算處理後，呈現出圖片、影片和聲音等。

　　「多位使用者同步」則是要讓MR會議的參與者，其全像立體影像在虛擬空間裡發生的所有動作，包括姿勢變換、動作、表情等，全都能同步。不論與會者身處何方，這個同步的延遲都要控制在0.1秒以內，便可讓人有置身同一個空間的感覺。

　　如此一來，在實體世界裡分處在多個地點的人員，就可在虛擬世界裡同時「體驗」、「接觸」和「加工」。

　　為了讓開發者可充分運用以上的「核心平台」和「能力」等功能，Mesh提供了「開發者用的軟體開發套件」。如此一來，開發者可自行挑選目標平台和裝置，研發合適的應用程式。

　　第三層則是「Mesh上可運作的應用程式」，多種可體驗或運用MR的應用程式都會安排在這一層。儘管目前還只有微軟HoloLens 2的應用程式，以及微軟在Microsoft Ignite上也用過的VR會議軟體「Altspace」，不過微軟的「Teams」和「Dynamics 365」預計都會加入，而其他第三方業者所開發的各種應用程式，想必也會再陸續進駐。

　　微軟備有「MR開發者課程」。若第三方業者已有運用MR的規劃，或需要確認、討論應用程式預覽等，都可透過課程參與，在前輩的支援下研發MR的應用程式。

　　綜上可知，微軟最新推出的Mesh，應視為微軟的一套策略架構，而非單純的MR體驗服務。它不只需要使用者的參與，還要廣納第三方應用程式開發或裝置業者的投入。

「以雲端運算『Azure』作為技術基底」、「以『開發者平台』為核心，讓第三方業者可投入MR應用程式研發」、「將收費、付款機制事先設為『核心平台』的功能」、「適用多款裝置，不限HoloLens 2專用」——從這幾項特色看來，Mesh可說是個不折不扣的MR平台。

使用「環境運算」，毋須操作硬體

MR被視為是微軟布局下一步的關鍵策略，備受外界矚目。其實它也是微軟用來實現「環境運算」（ambient computing）的一項技術。

新冠病毒的疫情，在我們生活的這個社會上，留下難以撫平的傷痕；不過，它也為我們帶來了一些實現新工作方式、生活型態的良機，例如遠距上班等。儘管如今還看不到步入後疫情時代的徵兆，但我認為，「環境運算」這項技術，存在感遲早會變得越來越鮮明。

簡而言之，「環境運算」就是在運用電腦時，可以讓人幾乎忘了裝置存在的一種技術。

以往，要透過電腦進行資訊處理時，總是少不了個人電腦或智慧型手機等硬體（產品）。不過，未來只要環境運算的技術夠成熟，其實就可以不必操作硬體。

「ambient」一詞有「環境」、「周圍」之意。而所謂的環境運算，就是綜合運用IoT、智慧音箱、雲端、穿戴式電腦、AR

和VR等各種技術，提前辨識使用者想做的事，並自動處理完成。

若這項技術進入實用化階段，那麼它的威力之大，恐怕足以翻轉目前科技業「以有個人電腦或手機等裝置為前提」的業界結構。2020年初，在拉斯維加斯所舉辦的CES上，環境運算就已被視為一大議題。

而MR正好實現了環境運算的概念。

我有幸躬逢其盛，親眼見證過環境運算的實際運作。2019年5月29日，微軟在東京的某家飯店裡，召開了「de:code 2019」大會。當天上台發表的，就是在Microsoft Ignite當中，為Mesh做過簡報發表的奇普曼。1979年在巴西出生的奇普曼，自2001年起進入微軟服務，是逾百項專利的主要發明人，曾於2011年獲美國《時代》（*Time*）雜誌評選為全球百大最具影響力人物，成就斐然。他同時也名列微軟「傳奇殿堂」（Hall of Legends），是最頂尖的工程師。

當天奇普曼負責的是HoloLens 2的說明，整場演示堪稱是精彩的壓軸。HoloLens 2上內建了手部追蹤（hand tracking）功能，可辨識人的十根手指，所以他可用手指操作出現在舞台半空中的全像立體影像上面的應用程式。

在實際演示當中，奇普曼讓自己的虛擬分身（avatar），出現在會場準備的畫面上。當真人奇普曼開口用英文說話，畫面上的虛擬分身就開始說起流利的日文。換句話說，當真人奇普曼

（他並不會說日文）一說英文，就會即時被轉換成日文，讓遠端出現了一位「說日文的奇普曼」。

　　舉例來說，在與遠端的同事開會時，我們可以把自己的全像片傳送到會議現場，就能讓自己「身歷其境」，也讓在現場的人覺得當事人「如在目前」。況且在這樣的世界裡，就連語言的隔閡都不存在。看了這場演示之後，我心想：要是這樣的MR應用程式真能進入實用化階段，那麼包括工作進行方式在內，整個社會的樣貌都會大大改變。而在Mesh平台上，其實已經可以做到這樣的MR體驗。

　　我想各位應該已經注意到了，這一項技術不就正好最適合用在近來因疫情而普及的遠距工作上嗎？

　　HoloLens 2有好幾部演示影片都已發布到YouTube上。第一次看到的人恐怕會被它那嶄新的世界觀所震懾，例如當畫面上投影出鋼琴時，使用者就可以透過手部追蹤功能，現場彈奏這部虛擬的鋼琴。

　　此外，微軟應該早已預期HoloLens 2可在工廠的生產線上，運用全像立體影像輔助製程進行等；又或者是在醫療現場，HoloLens 2也能輔助外科手術進行，例如透過HoloLens的畫面確認手術實際操作順序，或將患部影像投影到大畫面等。這款已開始在商業領域走紅的HoloLens，想必遲早也會打入一般市場。

電影《關鍵報告》將成為現實

當HoloLens在社會上普及之後，將出現一個什麼樣的世界呢？請各位不妨試著想像一下。

MR是混合了虛擬和現實的世界。在這個混合虛、實的三次元空間裡，所有數據資料都會呈現在我們眼前，而AI就會運用這些數據資料，預測接下來會發生的事，或是像電影《關鍵報告》（*Minority Report*）所描繪的世界那樣，說不定連犯罪都能防患未然。

到時候，你我隨身攜帶的裝置，也會改頭換面——具體而言，就是主角的寶座會換人坐，現行的智慧型手機退位，改由頭戴顯示裝置登基。如今大家用得習以為常的智慧型手機，其實有個缺點，那就是「有一隻手的行動會受限」。如果換成頭戴式裝置，雙手就能重獲自由，而「一邊操作裝置，雙手還可以一邊做別的事」將成為新的「常態」。既然操作裝置毋須動手，那麼今後或許連「操作」的感覺，都會轉趨淡薄。

在進行作業的同時，還能一邊存取各式數據資料，並加以運用——這樣的HoloLens，目前已逐漸開始在製造業和醫療現場普及。這意味著行動裝置已可做到「讓人忘了身上戴著它」的地步，環境運算的世界已然成真。

當MR在一般社會普及之後，我們當然就可以一邊寫字，一邊用出現在HoloLens上的字典查資料，等於是一邊參考HoloLens上的資料，同時用盲打輸入寫文章；在街頭看到的各

種商品、產品,都可以在頭戴裝置的畫面上搜尋。最後甚至連指引路線的導航功能,以及可能造成車禍意外的風險資訊等,也都可以隨時傳送到畫面上。

還有,透過IoT讓所有家電等連線之後,冰箱裡有什麼、洗衣機洗到哪裡、浴缸裡的水溫高低等資訊,都可經由HoloLens傳送給我們,讓我們即使人在公司,也能操控家中的家電用品。想幫冰箱補充一點食材,可以當場就用HoloLens上亞馬遜採買。

新冠病毒疫情尚未平息的此刻,各界對這項技術寄望最深的,就是它可以「遠端臨場」(telepresence)。遠端臨場也是環境運算技術的關鍵詞之一,是將使用者的全像立體影像轉傳到遠處的一種技術。不在現場的人可以突然出現在眾人面前,還可以與人交談,所以物理上分隔兩地的距離,已經完全不成問題。

微軟的納德拉執行長表示:「第三波的全球化,會由遠端臨場技術來實現。」不論如何,遠端親臨幾乎就等於是遠距傳送,人在家中就可參與會議,也可像面對面一樣進行深度討論。

如果還能像奇普曼的演示那樣,可即時翻譯任何語言的話,那麼就算使用者人在東京的家裡,也能把影像遠距傳送到中國、美國、巴西或非洲的工作夥伴身邊,以出席會議或宴會。如此一來,就如納德拉執行長所言,我們和世界的距離會變得無限貼近,而全球化更會突飛猛進地發展。

環境運算並不是最近才出現的詞彙,在電腦領域裡,其實早在很久以前就開始有人使用,直到2020年的CES過後,它才又成為備受矚目的關鍵詞。而環境運算翻紅背後的原因,是5G時

代的到來。由於5G的速度比4G快了約百倍之多，可進行高傳輸
量的通訊，讓我們越來越接近萬物連網的世界。同樣地，「環境
運算」成為常態的世界，也已近在眼前。

數位科技的發展與服務的進化

數位轉型（DX）的發展，已從「線上化」走向「AR／VR
／MR化」，甚至是「環境運算化」的階段（圖表5-2）。

在疫情期間／後疫情時代的社會呼聲與氛圍推波助瀾下，線
上化又有了更進一步的發展。從線上會議、線上課程到線上聚餐
等的普及，甚至連以往日本政府一直不肯開放的視訊診療，都已

圖表5-2　「疫情期間」與「後疫情時代」的服務進化

線上化	AR／VR／MR化	環境運算化
• 視訊診療 • 線上課程 • 線上會議 • 線上聚餐 • 線上○○	• 頭戴裝置式 • 眼鏡式 • 隱形眼鏡式	
疫情期間的 數位轉型	後疫情時代的 數位轉型（短期）	後疫情時代的 數位轉型（中期）

典型案例

視訊診療	線上治療	線上醫療

（作者編製）

獲准限期開放。

還有，AR／VR在很多情況下，也變得很貼近你我的生活；而MR體驗也如前所述，正逐步成真。目前AR／VR／MR大多都還是需要配戴頭戴顯示裝置，不過據說裝置在幾年內就會進化成眼鏡式，之後每隔三到五年，裝置就會變得更精巧，發展成隱形眼鏡式的裝置。

就這樣，讓人幾乎忘了裝置存在、不受裝置束縛的運算，會變得越來越普及。

同時，這樣的數位化趨勢也會進化成極其「自然」的服務，例如在醫療領域當中，數位轉型應該會從「視訊診療」發展到「線上治療」，再進化到「線上醫療」。也就是說，數位轉型的趨勢，會以醫療院所實際上提供給病患的「服務」或「解決方案」等形式，在社會上逐步普及。儘管數位轉型的進化會帶來「改變社會樣貌」的效果，但真正最關鍵的，是各行各業有無建立起「以使用者為本位的服務」，而這才是數位轉型的本質所在。

在雲端化、行動化競爭中輸給了GAFA

在新冠病毒的疫情下，微軟在股市的表現上，可說是一家備受肯定的企業。目前它的總市值已逾1兆9000億美元，和蘋果等企業競逐全球龍頭的寶座，業績表現更是氣勢如虹。微軟現在能有這樣的成績，主要是來自雲端事業的貢獻。

說到微軟，或許很多人長年來都對它有這樣的印象：旗下有

一款 Windows 軟體，在個人電腦作業系統（OS）領域的市占率令同業望塵莫及，是「資訊科技業界的盟主」。

然而，微軟直到幾年前，都還一直處於停滯期。以往，「Windows」和包括 Word、Excel、PowerPoint 等在內的套裝軟體「Office」，是微軟營收的兩大支柱，帶領微軟一路成長。然而，微軟沒跟上雲端化、行動化的浪潮，才讓 GAFA 趁勢崛起。

事實上，面對 GAFA 的崛起，微軟也並非毫無作為，拱手讓出江山。2000 年代初期，微軟也曾研發行動裝置專用的作業系統「Windows Mobile」，計畫進軍行動裝置領域。

可是，儘管後來「Windows Mobile」配備在一種名叫「個人數位助理」（personal digital assistant，簡稱 PDA）的行動資訊裝置上，但在切入智慧型手機市場的應對上卻慢了半拍。2011 年時，微軟曾與當年行動電話市場的龍頭——芬蘭企業諾基亞合作，推出了搭載「Windows Mobile」的智慧型手機「Windows Phone」，可惜為時已晚，智慧型手機市場已被蘋果的「iOS」和谷歌的「安卓」橫掃。當時的執行長史帝夫・鮑曼（Steve Ballmer）在 2013 年收購諾基亞，向蘋果、谷歌下了戰帖，無奈還是難以力挽頹勢，最後只好引咎辭職。

而在雲端事業方面，則是被亞馬遜遠拋於後，望塵莫及。亞馬遜在 2006 年推出 AWS，當時市場上還沒有其他競爭對手，於是亞馬遜在轉眼間就搶下了市占大餅。

微軟的雲端服務「Microsoft Azure」在 2010 年才上線，已比亞馬遜晚了四年，而且當時微軟對雲端事業的態度頗為消極。

　　至於消極的原因，則是出在微軟的商業模式上。當時微軟的主要營收，是電腦作業系統「Windows」的權利金，以及銷售每套平均售價幾萬日圓的套裝軟體「Office」。一旦微軟開始在雲端上銷售這些應用程式，那麼「套裝軟體」這個既有的主力產品形式，便失去了存在的意義。換言之，微軟的新事業和既有事業會互搶營收，出現競食（cannibalization）現象。

　　然而，當時明眼人都已經看得出來，「從個人電腦走向行動裝置」、「從套裝軟體走向雲端」已是擋不住的時代潮流。於是微軟就這樣失去了聲勢，將資訊科技業界霸主的寶座讓給了GAFA。

一百八十度扭轉事業策略與企業文化的「納德拉改革」

　　「帝國沒落」、「微軟玩完了」……正當市場上議論紛紛、耳語不斷之際，在2014年接下微軟兵符，成為第三任執行長的正是納德拉。就結論而言，微軟因為納德拉執行長的運籌帷幄，成功上演了大復活的戲碼。

　　納德拉執行長提出了這樣的願景：「微軟是一家『生產力和平台』的企業，著眼於『行動優先，雲端至上』的世界。」並推動微軟旗下各項服務的行動化和雲端化。

　　其中最值得一提的，是微軟推出了招牌商品──「Office」的雲端版，還讓Office能在iOS和安卓等智慧型手機的作業系統

上運作，此舉等於是一百八十度扭轉了微軟過去「堅持使用自家作業系統（Windows），軟體要搭作業系統一起賣」的策略。此外，微軟也在雲端版的Office上導入了訂閱制，讓使用者可選擇以月繳或年繳的方式付費使用。

　　將微軟的這些改革內容，用「理想世界觀」實現工作表分析後，就會如圖表5-3所示。從昔日的「堅持銷售軟體」，走向「行動優先，雲端至上」，成就了微軟帝國的復興大業。

　　「納德拉改革」還有一個很重要的關鍵因素，那就是他不僅改革了微軟公司的事業，還推動了企業文化的改革。他認為要改變一家企業，首先要改革的不是「事業」，也不是「組織」，而是員工的「思維」——在思考微軟為何能上演大復活戲碼之際，這件事至關重要。因為它正是納德拉得以大刀闊斧，不畏過程中的陣痛，成功推動「從個人電腦走向行動裝置」、「從套裝軟體走向雲端」等改革的原因所在。

　　當年，納德拉執行長認為造成微軟停滯不前的原因之一，是「墨守成規的心態」。所謂「墨守成規的心態」，簡而言之就是「那種事我早就知道了」的態度，衍生出「怠於學習的態度」、「崇尚維持現狀的態度」，以及「畏懼變化的態度」。

　　前任執行長鮑曼在位時期的微軟，據說部門之間惡鬥盛行。部門與部門之間的溝通碰壁，無法跨部門合作，也無法向其他部門或人員學習。

　　納德拉在他的著作當中，做了這樣的描述：

　　「過去微軟的文化缺乏彈性，員工必須不斷地向其他員工證

圖表5-3　微軟的「理想世界觀」實現工作表

	「理想世界觀」：改革後的微軟 轉往「行動優先，雲端至上」的方向發展，客戶可透過訂閱方案，選擇自己需要的服務即可。和客戶之間是以數位工具連結，並提供各項服務。用AI溝通
商品（product） 購買軟體	給顧客的價值（customer value） 客戶可透過訂閱方案，選擇自己需要的服務即可
價格（price） 一次買斷，價格偏高	顧客的成本（customer cost） 選購每月付固定金額的訂閱方案，就可使用各項服務
地點（place） 事前安裝在電腦上，之後再適時更新	方便性（convenience） 可於線上購買、使用
推廣（promotion） 操作傳統的推式行銷策略	溝通（communication） 和客戶之間是以數位工具連結，並提供各項服務。用AI溝通
「現狀課題」：改革前的微軟 挾著「高市占率」這個武器，堅持銷售軟體的路線。但墨守成規的服務，已無法滿足客戶及市場	

（作者編製）

明『自己什麼都懂』、『自己是整個樓層最優秀的人』；公司裡最重視的則是『是否準時完成任務』、『是否達成數字目標』等責任。至於會議更是流於形式，各項大小議題早在開會前就已全數定案。員工無法與直屬主管的主管開會，高階主管若想運用較基層員工的活力或創造力，就只能找當事人的主管來開會。凡事講階級、看年資，不在乎自主性和創造力。」〔《刷新未來：重新想像AI+HI智能革命下的商業與變革》(*Hit Refresh: The Quest to Rediscover Microsoft's Soul and Imagine a Better Future for Everyone*)；繁中版由天下雜誌出版，日文版由日經BP出版〕

　　和各位分享一個有趣的小故事：據說當年微軟盛行一種「牛奶開封之後就放著」的文化。

　　「微軟員工從冰箱裡拿出八盎司（約二百四十毫升）的鮮奶來打開之後，只會在自己的咖啡裡倒一點，剩下的就會隨手放著，說是為了方便下一個人使用，可是這種既不知道什麼時候開封又不確定安不安全的鮮奶，根本不會有人想用，於是下一個人就會再開一盒新的，用過之後同樣放在原處……就這麼一直循環下去。」〔《商業內幕》(*Business Insider*)，2017年10月3日〕

　　「執著於一種做法，拒絕變化與成長的思維」、「死守既得利益的思維」……所謂的「納德拉改革」，就是要改變這種墨守成規的心態，灌輸「成長心態」；而所謂的成長心態，就是「從成長觀點衡量一切」的思考方式。

　　舉例來說，「從錯誤中學習」，或「冒險後若結果不如人意，就把經驗當作教訓，而不是苛責」，又或者是「不求絕對正確，而是要隨時抱持開放的心態，積極看待各種想法」，還有「鼓勵挑戰和變化，不怕嘗試新事物」⋯⋯這些都是用「人」的力量，推動組織成長的方法。

　　「將墨守成規的心態，更新為成長心態」，如果用我的方式來換句話說，這就是「知識上的誠實」（intellectual honesty）。這樣的一件小事，就足以成為讓沒落帝國復興的墊腳石。而那個盒裝牛奶的小故事，後來也得到了以下的解方：

　　「微軟不再使用這個容量的牛奶，改買一公升的大包裝鮮奶，問題便迎刃而解。員工在自己的咖啡裡加了牛奶之後，會為了下一個人而把牛奶冰回冰箱。問題就這樣順利解決了。」（出處同前）

急起直追，劍指亞馬遜 AWS

　　讓我們整理一下微軟目前的主要事業：個人電腦的作業系統仍占 75% 以上，全球市占率無與倫比（StatCounter，2021 年 3 月）；而以雲端或訂閱形式供應的 Office 產品「Office 365」也逐步成長；至於雲端服務「Azure」則是急起直追，劍指亞馬遜的 AWS。除此之外，微軟還有「Xbox」、「xCloud」這兩個遊戲平台，以及硬體裝置「Surface」，也經營商務用社群網站「領英」（linkedin），以及供開發者分享原始碼的平台「GitHub」。

　　以微軟的使命為出發點，重新整理上述各項事業後，即可歸納如下。

　　微軟的使命是「賦能地球上的每一個人和每一個組織，都能實現更多、成就非凡」，因此納德拉執行長公開宣示，將深耕以下三大領域：

　　重塑「生產力與業務流程」（productivity and business processes）。
　　建構「智慧雲端」（intelligent cloud）。
　　創造「更多個人運算」（more personal computing）。

　　我們可再依這三大領域，將微軟的主要事業歸納如下。

（1）生產力與業務流程

- Office 365。
- Skype、Outlook、OneDrive。
- 領英。
- Microsoft Dynamics（ERP[1]、CRM、Cloud based……）。

1　編註：ERP為企業資源規劃（enterprise resource planning）的縮寫，它是一種軟體，可供企業管理日常業務活動，如財務、供應鏈、營運、商務、報告、製造和人力資源活動等。

（2）智慧雲端

- 雲端服務。
- Microsoft SQL Server、Windows Server、Azure、GitHub 等。
- 支援。
- 顧問諮詢。

（3）更多個人運算

- Windows（OEM授權、雲端）。
- IoT、MSN。
- Microsoft Surface、其他裝置。
- 遊戲相關硬體、軟體（Xbox）。
- 搜尋引擎（Bing）。

微軟在每一個領域當中，都從「產品」和「服務」賺取營收。這裡所謂的「產品」，指的是作業系統、應用程式、軟體、硬體或內容；「服務」則是與雲端相關的解決方案和顧問諮詢，部分廣告費和領英也屬於服務的範疇。

其中成長最顯著的，就是雲端服務「Azure」。根據市場研究機構顧能（Gartner）在2020年8月公布的一份報告指出，雲端市場的市占率，在2019年時為AWS占45%、Azure占17.9%，

第三名則是阿里巴巴的9.1%。儘管微軟還不足以撼動AWS的領先地位，但就年成長率來看，亞馬遜是29%，微軟則有57.8%，顯示兩者之間在市占率上的差距正急速地拉近。

再者，美國國防部在2019年秋季辦理了「聯合防禦基礎設施」（Joint Enterprise Defense Infrastructure，簡稱JEDI）的招標案，由微軟擊敗亞馬遜得標的消息躍上了新聞媒體。這個標案的預算規模，預估將高達100億美元。此外，微軟和美國通訊巨擘AT&T在雲端事業領域結盟，連沃爾瑪都成了它的客戶。微軟還攜手索尼，推動電玩遊戲雲端化的計畫，與谷歌較勁的意味濃厚。

微軟在「納德拉改革」的帶動下，上演了一場復活大戲。不過，目前微軟的雲端服務，還在這個有1兆美元規模的龐大市場中不斷成長；另一方面，微軟在環境運算領域也正準備初試啼聲。它們都為微軟日後的成長，留下了很大的想像空間。微軟的這場復活大戲，說不定才剛剛揭開序幕。

第六章

派樂騰

巨大的健身平台

Peloton

從「賣了就跑」到「訂閱服務」

派樂騰是透過健身飛輪車的數位轉型，在健身業界掀起一波創新的企業。派樂騰的原文「Peloton」這個詞彙，原意是指在馬拉松或自行車等比賽當中，選手的群集、集團、梯隊和夥伴之意。

派樂騰經營的事業版圖相當多元，不過我們首先要看的，是健身飛輪車的生產、銷售事業。同業賣的飛輪車，一部頂多賣5萬日圓；但派樂騰的健身飛輪車，一部就要價2245美元（約24萬日圓），是高附加價值的產品。

說穿了，派樂騰最大的特色，就是它對旗下的「健身飛輪車」這項硬體，並不是「賣了就跑」。派樂騰其實也算是一家SaaS企業，二十四小時全天候從紐約的攝影棚直播運動節目，還上架了超過七千堂的隨選健身課程。如此一來，使用者就可以月費39美元（約4200日圓）的價格，「在家上健身課程」。如今，派樂騰已吸引了三百一十萬名會員，成為全球最大的互動式健身平台。

派樂騰突飛猛進的成長，也獲得了資本市場的肯定。2019年9月，派樂騰在紐約證券交易所風光掛牌；截至2020年4月，股價都還在20到30美元之間徘徊，但進入5月之後，股價竟開始上攻，10月更達到了130美元之譜。這一波急漲背後的原因，是受到了新冠病毒疫情的影響——「待在家」（stay home）的防

疫措施，帶動在家健身的需求大爆發，使得派樂騰的收費會員人數大增。

　　其實派樂騰的成功，不單只是因為疫情受惠。首先我想特別點出來的，是派樂騰「讓健身飛輪車事業的本質進行數位轉型」這件事。換個角度來說，其實就是他們並未誤判最該進行數位轉型的「本質」究竟是什麼。

　　那麼健身飛輪車的本質又是什麼呢？我認為應該是「能輕鬆地在家運動」這件事。而派樂騰所做的，就是推動它的數位轉型，讓它更新為「訂閱式的線上課程」。

擁有逾三百萬名會員

（照片來源：Ezra Shaw／Getty Images）

圖表6-1　銷售高價硬體，並提供訂閱服務

健身飛輪車 2245美元 （約24萬日圓）	跑步機 4295美元 （約46萬日圓）
影音串流 月付39美元 （約4200日圓）	影音串流 （除了飛輪車以外的瑜伽等課程） 月付20美元 （約2200日圓）

二十四小時全天候從紐約的攝影棚直播運動節目
上架超過七千堂隨選健身課程

「SaaS ＋ a Box」這個商業模式，也是一組關鍵詞。Box指的是硬體，由派樂騰所生產、銷售的健身飛輪車，就是其中之一；SaaS則是指月費制的串流服務。若以蘋果為例，iPhone就是硬體，而Apple Music和Apple Store等就相當於是SaaS。派樂騰不是賣了硬體就跑，也不是只把心力投注在SaaS上，而是以硬體為出發點，發展出一套訂閱模式。這種嶄新的SaaS形式，能發揮日本的驕傲——製造業，也就是產製方面的優勢，非常值得關注。

不過，我在這裡想討論的，是派樂騰選擇「SaaS ＋ a Box」這個商業模式的理由。

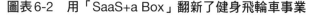

圖表6-2　用「SaaS+a Box」翻新了健身飛輪車事業

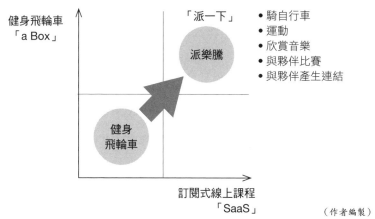

健身飛輪車
「a Box」

「派一下」
派樂騰

- 騎自行車
- 運動
- 欣賞音樂
- 與夥伴比賽
- 與夥伴產生連結

健身
飛輪車

訂閱式線上課程
「SaaS」

（作者編製）

派樂騰的商業模式

　　派樂騰創立於2012年，目前是由創辦人之一的約翰・佛利
（John Foley）擔任執行長。他畢業於哈佛商學院，曾於美國最
大連鎖書店——巴諾書店（Barnes & Noble）的電商部門擔任主
管，對顧客體驗的執著非比尋常。而他會選擇「SaaS ＋ a Box」
這一套商業模式的原因之一，也和這件事有關。

　　佛利對顧客體驗的執著之深，也展現在派樂騰事業版圖的廣
度上。在派樂騰的公開說明書上，定義自家企業是「具備十項功
能的公司」——也就是科技、媒體、軟體、產品、體驗、健身、
設計、零售、成衣、物流。

賣健身飛輪車的公司既跨足成衣，又經營物流，這究竟是怎麼回事？或許各位會覺得很不可思議，但這的確是鐵錚錚的事實。派樂騰為了滿足顧客在購買健身飛輪車之後所衍生的需求，跨足經營了多種不同領域的事業。

換句話來說，事情是這樣的：派樂騰先是研發了優質的健身飛輪車（產品、設計），還要為付費會員提供直播節目、運動音樂（健身、軟體、媒體），於是派樂騰在 2018 年時，收購了音樂串流公司。而運動需要運動服飾和補充水分用的水壺（成衣、零售），還有配送這些產品的物流網當然也不可或缺（物流）。

派樂騰同時也是一家科技業企業。他們用 AI 分析從產品上取得的顧客資料（大數據），從中找出顧客需求，再推薦適合的課程給顧客。「健身界的網飛」這個封號，派樂騰當之無愧。

此外，這些事業的垂直整合也是不容錯過的觀察重點，不論是音樂或物流，派樂騰提供的都是一條龍的服務。

最讓我訝異的，是派樂騰公司的送貨員竟然會對顧客詳加解說健身飛輪車的設置安裝，就連軟、硬體的使用方式也都能仔細說明。為什麼派樂騰要這樣做？如果單就經濟效益的觀點來看，一家 SaaS 企業根本沒有必要大費周章地發展硬體事業，更不需要連物流都自己來。

然而，派樂騰卻推動了垂直整合——因為這是提供優質顧客體驗最好的方法。他們的思考角度，和那些認為「垂直整合的目的，就只是為了提高生產力罷了」的日本大企業是截然不同。

　　我再三強調，派樂騰所做的，絕不是「賣了就跑」的生意。他們深耕的重點，其實是「該如何讓顧客長期愛用」。

　　顧客從派樂騰的健身飛輪車出發，可獲得各式各樣的服務。而這輛健身飛輪車本身，可以說只不過是為了帶領顧客去累積更多便利經驗（experience）的入口。

　　派樂騰會選擇大費周章地開設零售通路，原因無他，其實就是為了提升顧客體驗。他們不僅以D2C的方式在線上銷售產品，也在全美二十四家購物中心開設了實體門市。這些通路，不是為了銷售健身飛輪車，而是為了創造和顧客在線下的接觸點，並透過試騎體驗等方式，提供優質的顧客體驗。

　　目前，派樂騰的NPS在全美排名第二，僅次於特斯拉。佛利執行長表示，高NPS的企業都有一個共通點，那就是「有自營門市」。特斯拉的確也是走D2C銷售，但仍開設了實體門市的企業，也就是很講究垂直整合的企業。

　　佛利執行長滿懷自信地說：「能進入兩個重要圓圈重疊處的企業，只有三家。」也就是說，因為創新商業模式而成功的企業所在多有，但既要在汽車和智慧型手機等領域的軟、硬體方面，提供優質顧客體驗，又要是透過電商等方式，直接銷售產品給顧客的D2C創新者——能同時列入這兩個領域的企業，就只有蘋果、特斯拉和派樂騰而已。

圖表6-3　「能進入兩個重要圓圈重疊處的企業，只有三家」

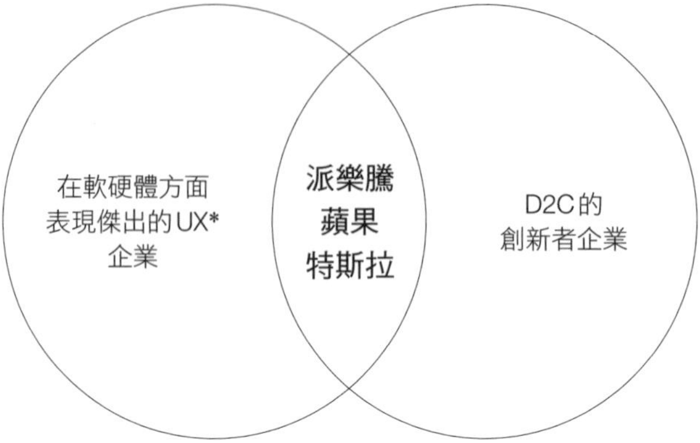

在軟硬體方面
表現傑出的UX*
企業

派樂騰
蘋果
特斯拉

D2C的
創新者企業

*編註：user experience 的簡稱，即指使用者體驗。
（作者根據佛利執行長的資料編製）

派樂騰創造出「新的歸屬」

　　佛利執行長還說過這一段話：

　　「創造出可取代宗教的社群，是我們的使命。」

　　派樂騰的使用者會把「派樂騰」當作動詞來使用，這也證明了派樂騰已經獲得了無與倫比的品牌力。行銷大師菲利浦・科特勒（Philip Kotler）曾說：「要成為真正的品牌，就必須先成為一個文化品牌。」所謂的文化品牌，就是要與社會議題對抗，且對抗的成果是社會大眾可接受的。

　　那麼，派樂騰對抗的社會議題是什麼呢？佛利執行長表示：

「在美國,隸屬於宗教團體的民眾,人數正逐漸減少。」再這樣下去,傳統上由宗教社群所扮演的角色,就會發揮不了該有的功能。佛利執行長也宣示:「我們希望能提供指引、儀式、歸屬、社群、內省、靈性、祭典、音樂的價值。」

　　取代宗教實在是一個非常遠大的使命,但佛利執行長確實有心承擔,也即將成真。

　　派樂騰透過數位轉型,帶動了健身飛輪車的進化,再藉由訂閱式的線上課程,將健身飛輪車推向全美國。接著,派樂騰又在全美各地開設實體門市,讓線上的「派樂騰社群」也逐漸成形。

　　如此一來,我們就不能再說派樂騰賣的只是純粹的商品。顧客會購買派樂騰的健身飛輪車,固然應該是為了「想在家運動」這個單純的動機,不過派樂騰恐怕要不了多久,就會成為這些顧客「生活中不可或缺的一環」。

　　專人把健身飛輪車送到家裡,安裝妥當,再由物流人員周到地說明使用方式;接著開始上互動式網路課程,並和新夥伴比賽,看看誰的成績好……。

　　這樣的結果,催生出了「派一下」這個動詞化的用法,而它也正是派樂騰真正要提供給顧客的價值。變成動詞的「派一下」,不只是指「騎飛輪」的意思,它還包括了隸屬於某個群體,欣賞音樂、學習、與同好產生連結等,而這當中更蘊涵了許多宗教性的元素。

　　居家健身需求因為受到疫情的帶動而升溫,派樂騰受惠於這

圖表6-4　派樂騰的「理想世界觀」實現工作表

> **「理想世界觀」：派樂騰**
> 以「SaaS+a Box」×「垂直整合」來提供給顧客優質的體驗價值，更為顧客提供「派一下」的價值──包括騎飛輪、運動、聽音樂、和夥伴比賽，進而產生連結等

商品（product） 家用飛輪車	**給顧客的價值（customer value）** 提供「派一下」的價值──包括騎飛輪、運動、聽音樂、和夥伴比賽，進而產生連結等
價格（price） 約2～3萬日圓，是訴求價格的商品	**顧客的成本（customer cost）** 要價逾24萬日圓的飛輪車，和每月逾4000日圓的線上課程
地點（place） 以網路購物和電視購物為主	**方便性（convenience）** D2C最具代表性的企業之一，但也開設實體門市，讓顧客可以在家輕鬆享受「派一下」的價值
推廣（promotion） 操作傳統的推式行銷策略	**溝通（communication）** 在線上和線下與顧客產生連結，社群也成形

> **「現狀課題」：家用飛輪車**
> 銷售通路以網路購物和電視購物為主，價格約2～3萬日圓，是訴求價格的商品。在商品和商品策略等方面都陷入了同質性競爭

（作者編製）

一波需求的加持，展現了氣勢如虹的成長。不過，疫情終究只是一個開啟派樂騰成長的契機，這裡要強調的重點有以下三點：派樂騰成功推動數位轉型，過程中並未誤判健身飛輪車事業的本質所在；派樂騰選擇創造與顧客之間的連結，發展社群，而非「賣了就跑」；派樂騰不僅用心製造，還貫徹對於「優化顧客體驗」的執著。日本的製造業在數位轉型上已經慢了好幾拍，而這裡濃縮的許多精華，都值得好好學習。

第七章

星展銀行

全球最佳數位銀行挑戰的下一場改革

用數字證明「為什麼要數位化？」

　　星展銀行在成立之初，其實是新加坡的泛公股開發銀行。它是一家對經濟、社會和科技的變化很敏銳，且擅於將這些資訊策略性地運用在經營上的金融機構。

　　有「全球最佳數位銀行」之稱的星展銀行，究竟是如何贏得這個封號的呢？而他們又是如何懷抱著使命感來面對嶄新世界的價值觀呢？在本章當中，我們要來看看目前最受全球金融界人士關注的星展銀行，探討它的數位轉型。

　　如今的星展銀行已是事業規模傲視全東南亞的商業銀行，主要事業包括了零售金融（retail banking）、企業金融（corporate banking）、私人銀行（private banking）、證券仲介和保險等各項金融服務。在全球包括東南亞地區（新加坡、印尼）、大中華地區（中國、香港、台灣）和南亞地區（印度）等十八個國家裡，設有超過兩百八十個據點，員工總共有兩萬九千多人。年營收達1兆1940億日圓，總資產則達53兆1789億日圓。擁有逾二十四萬個法人客戶，零售客戶更多達一千零七十萬人以上。

　　說穿了，其實單就事業規模來看，星展銀行在員工人數、年營收和總資產等方面，都遠不及歐、美、日的跨國金融機構。不過，在比較財務內容之後，就可以很明顯地看出星展的「強項」，和美國或日本的大型金融機構究竟有什麼不同。以下我會就星展銀行所屬的控股公司——星展集團控股（DBS Group

Holdings Ltd.），與八家歐、美、日的知名銀行〔摩根大通（JPM）、美國銀行（Bank of America）、花旗銀行（Citibank）、高盛（Goldman Sachs）、匯豐銀行（HSBC）、三菱東京UFJ（MUFG）、三井住友銀行（SMBC）和瑞穗金融集團（Mizuho Financial Group）〕來進行財務內容的比較。

【獲利能力】

稅前淨利率：36.79%（位居九家金融機構中的第一名）。

員工貢獻度：13.73萬美元（位居九家金融機構中的第三名）。

員工稅後淨利貢獻度：12.16萬美元（位居九家金融機構中的第二名）。

【資金運用效率】

股東權益報酬率（ROE）：8.71%（位居九家金融機構中的第三名）。

【市場評價】

股價淨值比（PBR）：1.00倍（位居九家金融機構中的第四名）。

【安全性】

資本適足率（普通股權益第一類資本比率）：13.90%（位居九家金融機構中的第三名）。

圖表7-1　「小而美的銀行」規模比較

■總資產

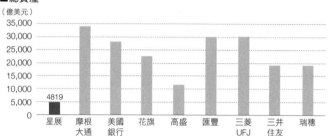

■營收、稅前淨利

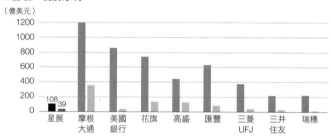

■員工人數

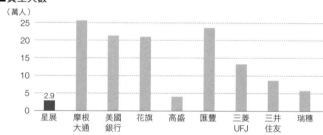

■總市值（截至2021年3月30日）

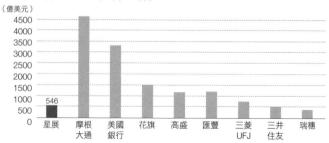

（續）

■資本適足率（普通股權益第一類資本比率，即CET1比率）

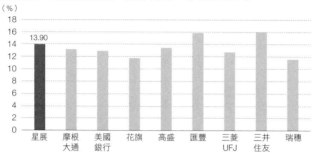

■ PBR（＝總市值÷權益總額）

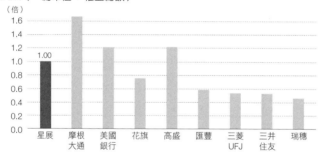

- 營收（total income）、稅前淨利（profit before tax）、稅後淨利（net profit）、總資產（total asset）、權益總額（total equity）、股東權益（shareholder's fund）：星展銀行及歐美銀行使用「2020年1月1日～2020年12月31日」會計年度的財報數字，日系三家金融機構使用的是「2019年4月1日～2020年3月31日」會計年度的財報數字。日系三家金融機構的財報，皆使用機構提交給美國證券交易委員會（SEC）的「FORM 20-F」文件上之財報資料。
- 總市值、匯率：依2021年3月30日之股價及匯率計算。
- 營收：「利息淨收益」（interest income）與「利息以外淨收益」（non interest income）之合計金額。
- 員工貢獻度、員工稅後淨利貢獻度：分別以「稅前淨利÷員工人數」、「稅後淨利÷員工人數」計算。
- 稅前淨利率：以「稅前淨利÷營收」計算。
- 股東權益報酬率（ROE）：使用上述財報所刊載之數字，並以「稅後淨利÷股東權益」計算。
- PBR：使用上述總市值及財報所刊載之數字，並以「總市值÷權益總額」計算。
- 資本適足率：使用2020年12月底之普通股權益第一類資本比率（CET1比率）。普通股權益第一類資本比率（CET1比率）是以「（普通股權益第一類資本基本項目之金額－普通股權益第一類資本調整項目之金額）÷風險性資產總額」計算。

圖表7-2 「小而美的銀行」
　　　　獲利能力、資金運用效率、安全性與市場評價比較

■員工貢獻度、員工稅後淨利貢獻度

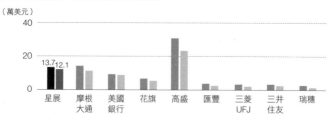

■稅前淨利率（＝稅前淨利÷營收）

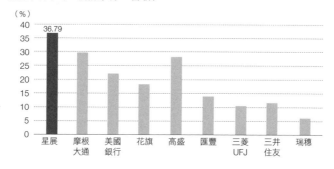

■股東權益報酬率（ROE）（＝稅後淨利÷股東權益）

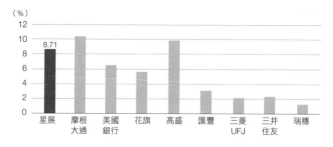

　　由上可知，星展銀行的事業規模雖小，但在呈現資金運用效率、市場評價和安全性的各項指標上，都具有前段班的卓越競爭力，總市值也比瑞穗金融集團和三井住友金融集團（Sumitomo Mitsui Financial Group）更勝一籌。而讓星展銀行培養出堅強實力的秘密，就在於它的數位轉型。

　　也就是說，星展銀行是在某個時期，因為推動了數位轉型而脫胎換骨，也是一家以量化方式證明數位轉型成效的銀行。當我們在思考「為什麼現在要推動數位轉型？」「究竟為什麼要做數位轉型？」之際，星展銀行會是一個能帶給我們極大啟發的案例。

　　接下來要介紹的這幾個獎項，也都對星展銀行在「量化呈現數位轉型成效」方面的表現，給予了很高的評價。

　　專業財經資訊雜誌《歐元雜誌》（*Euromoney*）在2016年和2018年，將「全球最佳數位銀行」的封號頒給了星展銀行；而在2019年時，更跨出了數位領域，頒給星展銀行「全球最佳銀行」的殊榮；到了2020年，星展銀行又贏得了「亞洲最佳銀行」（Asia's Best Bank）的榮銜。

　　由《全球金融》雜誌（*Global Finance*）舉辦的「年度最佳銀行」（World's Best Bank）評選，則是在2018年、2020年把大獎頒給了星展銀行。

　　以下我要引用《歐元雜誌》對星展銀行的評價，雖然篇幅較長，但內容具體地呈現出星展銀行究竟有何獨到之處。

　　「2017年11月，星展銀行低調地推動了一項相當創新的措施
——那就是他們決定要以量化的方式，呈現推動數位化究竟對銀
行的營收、獲利表現有何意義，而不再只是談論數位策略。於是
他們發現：相較於到實體門市辦理業務的傳統客戶，線上交易客
戶貢獻了多出一倍的營收，貸款和存款也都比傳統客戶多；星
展爭取一個線上交易客戶所需的費用，比傳統客戶少了57%；線
上交易客戶主動進行交易的比例，是傳統客戶的十六倍之多；
而且傳統客戶的交易，對ROE的貢獻僅19%，相對地，線上交
易客戶所貢獻的ROE，則高達27%。當星展銀行把這些事實資
訊，連同一些和宛如『貝佐斯』般的執行長——高博德（Piyush
Gupta）相關的評論消息一併公布後，市場分析師對星展銀行的
評價升級，激勵當天股價彈升4%。而這堪稱是『能清楚說明數
位化內涵』所展現的威力。高博德執行長強勢地主張：『對抗破
壞（disruption）最好的方法，就是先破壞自己。』然而，最有
力的證據，莫過於說明數位化將如何帶來獲利，以及它為什麼能
挹注獲利。2017年，星展銀行的總市值增加了44%，市場上開
始把星展銀行的股票當作科技股來看待，並給予評價。」

　　獲取客戶的成本減少、交易次數增加、ROE改善、總市值
上升……，沒想到數位轉型所帶來的益處，竟是這麼顯著。

　　不過，除了數字之外，這裡我更希望各位關注的，是星展銀
行這樣的一家傳統金融機構，究竟是怎麼辦到的。前面我引用了
《歐元雜誌》給星展銀行的評價，包括「宛如『貝佐斯』般的執
行長」、「破壞自己」、「市場上開始把星展銀行的股票當作科技

股來看待，並給予評價」等，而它成功轉型的重要關鍵字詞，就藏在這些字裡行間。

容我先透露結論：其實星展銀行就是以「如果貝佐斯來經營銀行的話，他會怎麼做？」這個大膽的設問為基礎，主動破壞自己，才蛻變成一家數位銀行。

在榮獲《歐元雜誌》評選為「2019年度全球最佳銀行」時，高博德執行長留下了這樣的感言：

「當時我們已經不得不跳脫『其他銀行會怎麼做？』的思維，並開始思考『科技巨擘會怎麼做？』」

星展銀行「必須先破壞自己才能存活」的危機感

讓我們來回顧一下當年星展銀行推動數位轉型的原委。追根究柢，星展銀行究竟是為什麼會下定決心做數位轉型呢？星展銀行是在2009年啟動數位轉型，當時的經營狀況其實並不差，甚至以營收年平均成長率7%以上、稅後淨利平均成長率13%來看，可說是維持在相當傑出的水準。然而，星展銀行經營團隊的危機感卻日漸升溫，認為「必須先破壞自己才能存活」。

危機感升溫背後的原因之一，是新加坡這個國家所面對的地緣政治因素。位處東南亞正中央的新加坡，運用了這個地利之便，成為貿易往來的樞紐，且長年來都很積極吸納海外的產業、企業和科技。新加坡的國土面積僅和東京二十三區差不多，但這

個連天然資源都相當匱乏的國家，竟能成就令人嘆為觀止的經濟發展，人均GDP還超越美國、日本，這都要歸功於新加坡政府的「貿易立國」政策。若說新加坡是「必須主動向外發展才能存活」的國家，實在一點也不為過。

因此新加坡註定非得要敏感且靈活地面對國際市場的動向與科技發展的趨勢，其中最具代表性的，就是總理李顯龍在2016年8月的施政演說當中，公開談到新加坡所面對的破壞，並宣示將把鼓勵「破壞」當作政策。

當時，李顯龍總理演說中所舉的例子，是以挑戰計程車業界的強勁競爭者之姿，大動作進軍新加坡的優步（Uber）和Grab。他提到只要是為了趕上時代的變化，也為了讓民眾獲得更多益處，他會張開雙手歡迎，就算傳統計程車業界會被淘汰，也在所不惜。這樣的態度，和完全「嚴禁」包括優步在內的汽車共乘業上路的日本，呈現了鮮明的對照。

此外，新加坡還領先全球各國，對自動駕駛車（AV）敞開了大門。「交通尖峰時間開車通勤者，每年會被課徵近1萬5000美元的稅費。另一方面，新加坡政府廢除了『汽車一定要由人類駕駛』的規定，在開發住宅區方面，則是新設了刻意縮減路寬、加高路緣石、縮減停車格等規定，期能打造出對自動駕駛車友善、對私家車輛嚴格的城市。」〔《新聞週刊》（Newsweek）日本版，2019年2月19日〕

　　對星展銀行而言，最直接的威脅，就是在中國出現了一群威力驚人的「金融破壞者」。說得更具體一點，其實就是推出「支付寶」的阿里巴巴，和推出「微信支付」的騰訊。說到阿里巴巴，各位對於它旗下的金融服務企業「螞蟻集團」原本預計要在2020年掛牌，後來因故延期的消息，應該都還記憶猶新。儘管上市案暫時延期了，但當初市場傳出螞蟻集團在首次公開募股（initial public offering，簡稱IPO）之後，募資金額將刷新市場紀錄，達到350億美元之譜，讓人對於「阿里巴巴的金融服務」規模之大，留下了深刻的印象。

　　這裡要請各位特別留意的是：阿里巴巴和騰訊都是以科技業起家，金融事業並不是他們的本行。

　　支付寶是以擁有多達十三億使用者的行動支付應用程式「支付寶」作為顧客接觸點，發展成整合阿里巴巴旗下電商、零售、物流、媒體和娛樂等各項生活服務的平台。

　　騰訊則是以通訊應用程式「微信」作為顧客接觸點，發展成提供線上遊戲、媒體、支付、公益和零售等各項生活服務的平台，單月活躍使用者多達十二億人以上。

　　這兩家企業通常都會被界定為科技業，卻能贏得「金融破壞者」的稱號，是因為他們偽創造（duplicate）出了支付、金融仲介和信用創造等銀行業務，而且這些金融服務的種類和品質，甚至還逐步超越傳統金融機構。此外，這兩家企業原本就擁有絕對多數的活躍使用者，所以「顧客獲取成本低」、「另有本業，毋須在金融服務方面獲利」，也是他們專屬的優勢，傳統金融機構

只能望洋興嘆。

　　這兩個金融破壞者鎖定的目標市場，不巧與星展銀行的目標市場（中國、香港、新加坡和大中華區）重疊。眼看著強敵已經兵臨城下，星展銀行所感受到的危機感之深，可想而知，所以他們才會抱著宛如「再不數位轉型，死路一條」般的決心，為了蛻變成科技公司而著手推動數位轉型。

「讓數位化深入公司核心」

　　如前所述，星展銀行是在2009年開始推動數位轉型。在這一年進入星展服務的高博德執行長，以及早一年進公司的資訊長（chief information officer，簡稱CIO）大衛・格萊德希爾（David Gledhill），是推動轉型的兩大推手。這一群經營團隊提出了三個令人印象深刻的口號：

　　「讓數位化深入公司核心」（become digital to the core）。
　　「融入客戶旅程」（embed ourselves in the customer journey）。
　　「改革兩萬兩千位員工，融入新創文化」（create a 22,000 start-up）。

　　讓我們來看看每個項目所談的詳細內容。
　　「讓數位化深入公司核心」是指星展銀行不只要提供線上服務、行動服務等與前台業務相關的、表面的數位化，就連後台的

業務應用程式、軟體、韌體、硬體到基礎設施，還有經營團隊和員工的心態、企業文化，整個企業組織都要重新調整，毫無例外。

「融入客戶旅程」則是要重新自問星展作為一家銀行的存在意義是什麼，並勾勒出在新世代的金融產業之中，星展該朝什麼樣的形象邁進。換言之，就是要將從存款、貸放和匯兌等「銀行觀點」的交易旅程（transaction journey），轉換為貼近每位顧客生活型態、生活樣態和需求等「客戶觀點」的客戶旅程（customer journey）。

星展銀行提出了「簡單、無縫、隱形」（simple, seamless, and invisible）的概念，這也是一種客戶觀點的思維。在客戶旅程當中，面對期待服務能既簡單又無縫接軌的客戶，銀行根本沒有彰顯存在感的必要。為追求更好的顧客滿意，星展銀行期許讓自己成為「隱形」（invisible）的存在。

而「改革兩萬兩千位員工，融入新創文化」，就是所謂心態上的轉換。換句話說，就是要調整心態，由側重銀行觀點的交易旅程，轉往著重客戶觀點的客戶旅程。為此，星展銀行在公司內部安排了黑客松（hackathon）[1]等學習機會，或與新創企業合作，著手為員工培養新的工作心態。

---

[1] 　編註：黑客松為黑客（hack）和馬拉松（marathon）的組合字，是指參與者採馬拉松的方式進行科技創作活動，活動中參與者密集合作培養出團隊成員間的默契，讓團隊能產生出創新的概念解決問題。

「後台×前台×人與企業文化」三位一體的改革

　　讓我們再更進一步來看看細節。星展銀行的數位轉型可分為兩個階段，第一階段是自高博德執行長上任的2009年到2014年，這個時期相當於是建構數位銀行的「打底期」。舉例來說，為防堵系統漏洞，星展銀行增設了資料中心，也設置了資訊安全營運中心（Security Operation Center，簡稱SOC）和監控中心。他們也很積極跳脫過去工程與技術仰賴外包的習慣，達到85%由內部自行處理的水準。

　　此外，星展銀行還會依通路、產品、服務、致能（enabler，包括經營資料系統等內部系統與基礎設施）等類別，進行應用程式的汰換、採購。所以星展要轉型為數位銀行所需的基礎設施與平台，得以在2014年之前建置完成。

　　第二階段始自2014年至2017年，此時進入了建構數位銀行的時期。在這個階段當中，星展除了擬訂「從專案型組織轉型為平台型組織」、「籌組敏捷開發團隊」等主題，並推動組織改革之外，以下這四項目標的訂定，也至關重要。

（1）蛻變為雲原生（become cloud native）

　　星展銀行數位轉型的第一步，是蛻變為「雲原生」（cloud native），意指要將硬體、軟體和應用程式等每個階層都轉移到雲端上。這個舉動的成本撙節效益非常驚人──推動雲端化之後，星展銀行在硬體、軟體和管理部門方面，省下了八成以上的

人事成本。而此舉也提升了銀行系統整體的靈活度和擴充性，進
而強化了銀行的可靠性。

　　在2020年公布的《2019年報》當中，呈現了星展銀行近期
推動雲原生的成果：

　　「目前現有應用程式的93%都是在新的雲端環境下運作，而
這些應用程式有99%，都是從自有的實體伺服器轉移到虛擬的私
有雲上。虛擬化之後，實體伺服器的數量和資料中心的設備規
模，都得以縮減。舉例來說，星展銀行位在新加坡的第二資料中
心，就節省了75%的實體記憶體耗用量，容量則增加了十倍。
由於各項應用程式可同步在雲端和實體伺服器上運作，更加強了
系統的韌性與可靠度。」

（2）透過API[2]提升整體生態圈的效能

　　星展銀行為追求優質顧客體驗，提供顧客中心主義的服務，建
立了一個生態圈。而當中的關鍵，就是開放應用程式介面〔「開放
API」（Open API）〕，透過與會計軟體「Xero」或ERP軟體「Tally」
等上千處串接，聯合外部業者組成生態圈。關於「開放API」的
具體內容，稍後我會再詳加描述。

---

[2]　編註：所謂API，可見本章「開放API創造出的『隱形銀行』」段落內的說
　　明。

（3）以數據驅動、顧客科學、儀表和實驗為基礎，貫徹顧客中心主義

　　它所代表的涵義，顯然就是顧客接觸點的數位化。舉例來說，星展銀行強調「隨時隨地開戶」，客戶可以在線上完成手續，不需要親自臨櫃辦理。若是已經有帳戶的客戶，則線上開戶的手續只要花幾秒鐘就能完成；即使還沒有星展帳戶，只要有新加坡國籍，並透過新加坡政府建立的個人資訊平台「MyInfo」申請開戶，幾秒鐘之內就會核准通過。

　　還有，星展銀行除了提供汽車、不動產物件、購物、教育、電力等方面的線上市集（online marketplace）之外，也推出了多項用來抗衡支付寶、微信支付的服務——包括行動支付系統「PayLah！」、可透過Messenger下單的「Foodster on FB Messenger」，以及可透過手機應用程式檢視孩子什麼時候把錢花在哪裡的「POSB Smart Buddy」等。

　　另外，星展銀行也推出了整合網路與實體銀行業務的「Click and Mortar」，致力創造出嶄新的顧客體驗，讓客戶到銀行辦事就像「去自己喜歡的咖啡店」一樣。

　　私人銀行部門也推出了多種服務，例如線上財富管理平台「iWealth」，線上財務、資金管理模擬平台「Treasury Prism」。而企業金融部門則提供了線上企業金融平台「DBS IDEAL」，以及專為中小企業的事業發展提供專業建議與服務的社群平台「星展企業幫」（DBS BusinessClass）等服務。

在印度，星展銀行透過ERP軟體「Tally」與API串接，建立了一套能讓Tally用戶使用星展服務的機制。至於沒有實體門市、設備的行動銀行「digibank」，則在經濟成長快速的印度和印尼提供零售金融服務，贏得了三百零五萬客戶的肯定。

（4）投資人才與技能（investing in people and skills）

星展銀行也進行了人才與企業文化的提升。前面介紹的標語「改革兩萬兩千位員工，融入新創文化」，詮釋的就是這個項目。為了在企業內深植如新創企業般的創新心態，星展銀行提出了五大方針：「貫徹顧客中心主義」（customer obsessed）、「數據驅動」（data-driven）、「勇於冒險、大膽實驗」（take risk & experiment）、「敏捷」（agile）、「成為會學習的組織」（be a learning organization）。

星展銀行在「成為會學習的組織」這個方針之下，為員工準備了學習所需的「空間、工具和夥伴」，例如在星展學院（DBS Academy）、與新創企業的合作空間「亞洲創新中心」（DBS Asia X）等地點，星展銀行舉辦了黑客松、工作坊等各式活動。而與新創企業、育成中心、加速器之間的交流，也成了很好的學習良機。

最耐人尋味的，是星展銀行為「員工平均學習時間」設定了KPI。根據2019年的財報顯示，2018年度的員工平均學習時間是36.6小時，2019年度成長到38.7小時，2020年度更來到了38.9小時。

綜上所述，星展銀行所做的，不僅是產品和服務等技術、物理方面的服務改革，還更將改革落實到人與企業文化層面。看過這些改革，想必各位就能明白星展為什麼要強調「讓數位化深入公司核心」了吧？後台（技術內製化、硬體與系統雲端化）、前台（商品、服務、開放API、生態圈），再加上人與企業文化，三位一體的改革，就是星展銀行的數位轉型。

甘道夫計畫

看到這裡，星展銀行迅速祭出各項措施落實PDCA循環的舉動，讓人覺得它已不是傳統金融機構，而是一家科技業了。

這裡我要請各位再回想一下，當初星展銀行的數位轉型，是從「科技巨擘會怎麼做？」「如果貝佐斯來經營銀行的話，他會怎麼做？」等大膽的設問起步，星展銀行習慣稱它為「甘道夫計畫」。

甘道夫（GANDALF）是以科技巨擘谷歌（Google）、亞馬遜（Amazon）、網飛（Netflix）、蘋果（Apple）、領英（Linkin）、臉書（Facebook）的名稱字首，再加上星展銀行（DBS）的「D」所組成。星展想藉由這個計畫，展現「要和這些科技巨擘並駕齊驅」的堅定決心──這件事應已毋須贅述。而他們想從各家科技巨擘身上學習的特質，分別如下：

G：谷歌的開源軟體取向。

A：亞馬遜在 AWS 上的雲端運用。

N：網飛運用數據資料所做的個人化推薦。

D：星展銀行要成為甘道夫（GANDALF）當中的「D」！

A：蘋果的設計思考。

L：領英的「學無止境社群」。

F：臉書的「擁有向全球人士分享的可能」。

　　附帶一提，甘道夫是出現在電影《魔戒》（*The Lord of the Rings*）當中的一位魔法師，或許星展銀行就是希望「運用有如魔法般的力量，讓星展從銀行翻新成科技公司」吧。

　　而「讓數位化深入公司核心」、「融入客戶旅程」和「改革兩萬兩千位員工，融入新創文化」這三個口號，也是從「如果貝佐斯來經營銀行的話，他會怎麼做？」的觀點，所找到的靈感。

　　星展銀行向貝佐斯學到最重要的一課，想必就是「平台策略」，尤其是「融入客戶旅程」這句口號，也與亞馬遜自創業迄今的商業模式相符。

　　這裡所謂的「亞馬遜的商業模式」，指的是以下這件事：充實品項豐富度→顧客滿意度提升，顧客體驗變好→流量增加（造訪亞馬遜的來店客數、上架品牌、使用 AWS 的企業等）→有意在亞馬遜銷售商品的賣家越來越多→品項變得更齊全，顧客的選項增加→顧客滿意度上升，顧客體驗變得更好→流量更大……。

據說貝佐斯在亞馬遜創立之初，曾在餐巾紙上寫下這個商業模式（請參考本書最後的工作坊內容）。後來亞馬遜突破了網路書店的框架，一路成長茁壯到現在這個全球最強大的「什麼都能賣」商店，其實就是一直在重複執行這個成長的循環。

而這裡的前提條件是「低成本」體質——這件事也很重要。在亞馬遜的商業結構當中，放在顧客體驗之前的是「低價」和「品項豐富」，它反映了貝佐斯心目中的認知是「顧客最在意低價和品項豐富」。畢竟要是公司事業不具低成本體質，「低價」和「品項豐富」根本就無從實現。

而星展銀行的商業模式則如圖表7-3所示，是獲取客戶→與客戶交易→加強與客戶之間的關係。

這一連串的業務流程，都是建立在星展銀行所擁有的客戶資料，以及以客戶資料為基礎的內外部產品、服務的生態圈之上；而這個生態圈則是由前述那些雲端化的銀行系統，以及對內、外的API所構成。

在這個商業模式當中，只要「客戶資料＋生態圈」越擴大，「客戶獲取成本和交易成本降低，客戶平均營收貢獻上升」的正向循環，就會應運而生。

星展和亞馬遜在商業模式上有兩個共通點：一是以「客戶旅程」為前提，和外部第三方共同建構生態圈；二是建置完善的平台，讓客戶可以享受包括金融在內的各項生活服務。而星展推動的雲原生，為這個平台打造出了低成本體質。

圖表7-3　星展銀行的商業模式

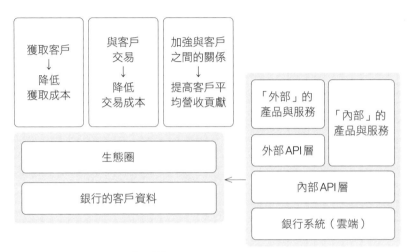

（作者根據〈Investor Day 2017〉編製）

　　因為上述這些作為，星展銀行也造就了一套和亞馬遜相同的商業模式——服務品項越充實，客戶滿意度就隨之提升；客戶體驗越美好，流量就隨之上升，投入生態圈的第三方及業者也會隨之增多。於是客戶能享受到的生活服務品項或選項便隨之增加，進而更優化客戶滿意度和顧客體驗，流量更因而大增。

開放 API 創造出的「隱形銀行」

　　接下來，我想談談「開放 API」在星展銀行這個商業模式當中的重要性。所謂的 API，是一種串接的規格和機制，用來讓其他應用程式叫出、使用某個應用程式的功能或其所管理的資料

等。而其中對外開放給第三方的，就稱為開放API。

　　以金融方面的開放API為例，「核對型API」是供「外部」的第三方或業者核對「內部」——也就是銀行的客戶帳戶資訊等；而「執行型API」則是直接將第三方或業者的服務提供給銀行客戶。就星展銀行來看，前面介紹的會計軟體「Xero」、ERP軟體「Tally」，以及行動支付系統「PayLah！」等，都是屬於執行型API。

　　而這種執行型的API，正是星展銀行與第三方和業者共同建構生態圈、化身「隱形銀行」、融入客戶旅程的關鍵。

　　銀行開放API之後，第三方和業者就能運用銀行客戶的帳戶資料，直接提供銀行無法提供的多元服務給客戶，拓展商機；銀行客戶則可享受到更方便的金融服務，對星展銀行當然也有好處——因為透過與第三方或其他業者合作，除了能優化服務與顧客體驗之外，星展還能取得一些光靠銀行管道無法取得的顧客行為資料、位置資訊等，進而從中獲得線索，以便提供更符合顧客需求的銀行服務。

　　星展銀行在2015年的年報封面上，寫下了這句標語：「生活隨興，星展隨行」（Live more, Bank less）。而這句標語，就是因為有了執行型API，才得以實現。

　　那麼，星展銀行作為一家「隱形銀行」的目標是什麼呢？是與顧客建立「長久的夥伴關係」，以創造更優質的顧客體驗。而這也正是GAFA等科技公司的拿手絕活。

　　科技公司（金融破壞者）把資訊科技界的那些「理所當然」，帶進了金融業。他們用「好方便」、「不花時間、毫不費力」、「簡單明瞭」、「好友善」、「好好玩」、「讓人感覺不到它的存在」等資訊科技界的「理所當然」，改寫了「既不方便又很複雜」、「ATM總是要排隊」等金融業既有的「理所當然」。

　　而讓科技公司成功翻轉金融業傳統的關鍵，就是「與顧客建立長久的夥伴關係」。科技公司用自己建立的電商、社群和顧客溝通等生活服務平台包圍客戶，並運用在這些平台上蒐集到的大數據，結合AI，創造出了優質的顧客體驗。同時，科技公司又再把大數據運用在金融新服務的研發上，除了可藉此提升客戶滿意度，還能更滴水不漏地包圍客戶。

　　綜上所述，企圖把「與顧客建立長久的夥伴關係」化為業內標準遊戲規則，藉此摧毀那些無法用同一套遊戲規則應戰，卻還不思進取的市場參與者的，不是別人，就是這些金融破壞者。

　　「全球最佳數位銀行」星展銀行，選擇了和這些傳統的銀行體系做出區隔。若用「理想世界觀」實現工作表來分析它的商業模式，就會如圖表7-4所示。

　　星展銀行極大膽地透過「破壞自己」，來展現自己其實和那些造成威脅的金融破壞者一樣。也就是說，星展銀行將客戶在商流、物流和金流方面的大數據，融入後台業務、前台業務，還有員工和企業文化裡，並拓展生態圈，創造優質的顧客體驗與金融服務，進而建立「與顧客的長久夥伴關係」。星展銀行所推動的數位轉型，它的本質，其實就是要讓這樣的循環不斷地運作下去。

圖表7-4　星展銀行的「理想世界觀」實現工作表

「理想世界觀」：星展銀行
透過數位化，提供給客戶一種「忘了自己正在請銀行服務」的自然與舒適。客戶可透過網路，輕鬆地以低成本享受高資產客戶一直都在享用的服務。申辦、使用各項業務等，都可在手機上完成

商品（product）
以門市為主，同時也慢慢擴充在線上供應的商品

給顧客的價值（customer value）
「忘了自己正在請銀行服務」的自然與舒適

價格（price）
若欠缺商品知識，就無從判斷價格合理與否

顧客的成本（customer cost）
透過網路，輕鬆地以低成本享受高資產客戶一直都在享用的服務

地點（place）
門市服務不方便，線上服務不好用

方便性（convenience）
申辦、使用各項業務等，都可在手機上完成

推廣（promotion）
大量操作電視廣告等推式行銷策略

溝通（communication）
透過網路與客戶產生連結，並且在智慧型手機上就完成與客戶之間的溝通

「現狀課題」：銀行
淪為麻煩、耗時、難懂等「公家機關式服務」的代名詞

（作者編製）

數位轉型的成果

　　星展銀行數位轉型的成果，也反映在資本市場對它的評價上。星展銀行所屬的控股公司「星展集團控股」的股價，和2009年相比已上漲了約3.5倍，與2017年相比則上漲了約兩倍。

　　此外，星展銀行在推動數位轉型之際，將新加坡和香港的零售與中小企業交易，定位為首要發展的市場區隔。觀察這個區隔的主要經營指標，也可以很清楚地看到數位轉型的成果（圖表7-5）。

　　2015年，這個首要市場區隔的營收，占了星展整體營收的38%；而當中來自網路或行動銀行等數位交易的占比，則有49%。到了2017年，這個區隔的營收已占星展整體營收的44%（比2015年成長了六個百分點）；而當中來自數位交易的占比更來到63%。只要觀察數位交易和非數位交易的營收成長率，兩者的發展趨勢盛衰便一目了然，非數位交易的營收年平均成長率衰退了4%，數位交易則是成長了27%。顯見數位交易的增加，推升了這個市場區隔在星展整體營收當中的占比。

　　2018年，這個區隔的營收在星展整體營收的占比，已上升到46%。其中數位交易的營收，更比前一年增加了五個百分點，來到68%。而這當中的非數位交易營收年平均成長率衰退了1%，數位交易的營收年平均成長率則寫下了27%的紀錄。

　　到了2019年，這個首要市場區隔的營收仍占星展整體營收的46%，但其中數位交易的營收已來到72%，比前一年增加了四

圖表 7-5 星展銀行數位轉型的成果

新加坡及香港市場的零售、中小企業交易營收在總營收當中的占比（推移）

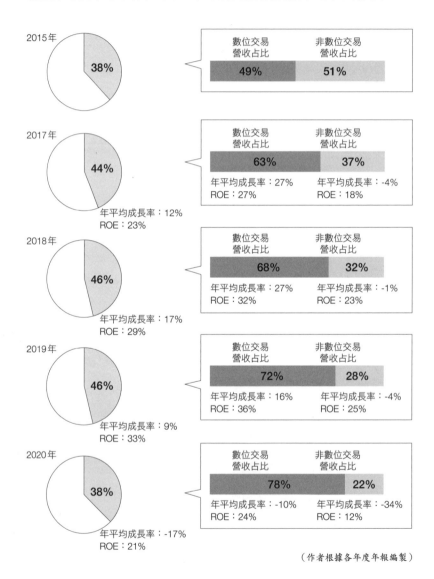

（作者根據各年度年報編製）

個百分點。

2020年因為受到疫情的影響，該市場區隔的營收占比降至整體的38%，但其中數位交易的營收占比，已上升到78%，較前一年提高了六個百分點。

不僅營收表現亮眼，從股東權益報酬率（ROE）當中，也可看出星展銀行的數位轉型很確實地在首要市場區隔中普及，數位交易也培養出了穩定的營收，而星展銀行也建立起了一套獲利效率更佳的營運機制。

全球最佳數位銀行的新使命

因為這些傲人的成果，使得星展銀行成了金融界數位轉型的先行者。不過近年來，星展銀行在持續發展數位化的同時，看來似乎也逐漸朝著新的使命邁進。

從星展銀行所屬的控股公司星展集團控股每年發行的年報封面上所寫的標語，就能看出一些端倪。以下就讓我們來看看自2015年起各年度的標語：

2015年「生活隨興，星展隨行」。

2016年「重新定義你對銀行的想像」（Reimagine Banking）。

2017年「從開發銀行轉型為數位銀行」（Digital Bank of Singapore）。

2018年「隱形銀行」（We're making banking invisible）。

2019年「追求至善」（Pursuing the greater good）。

2020年「團結一心，展現強大力量」（Stronger Together）。

2018年之前的標語，都像前面探討過的，看得出是以「數位化」作為關鍵詞，用更簡短、精練的表達方式，來呈現「銀行要如何推動數位轉型」。

至於2019年和2020年的標語，則讓人感受到更具社會關懷、更有使命感的訊息。接下來，我們再來看看它們的詳細內容。

首先，2019年所提出的「追求至善」究竟代表著什麼涵義呢？星展銀行提出了以下三項方針。

(1) 創造更好的事業環境（building better businesses）

透過「協助中小企業」、「協助社會邁向永續未來」、「協助社會創業精神與事業」等，促進社會邁向數位及低碳經濟。

(2) 為人賦能（giving power to the people）

透過創新與科技，促進金融可近性發展，例如「推動普惠金融」、「金融服務民主化」等。

(3) 帶動永續運動（catalysing a sustainability movement）

　　結合客戶、員工、供應商、合作夥伴與社會大眾的力量，以實現永續社會的目標。

　　光是這樣，似乎還顯得有些不夠具體，不過其實星展已有多項明確的措施。

　　舉例來說，在(2)的「金融服務民主化」方面，《歐元雜誌》決定將「2020年亞洲最佳銀行」的榮銜頒給星展銀行時，給了以下的評論：

　　「去年（2019年）啟用的『DBS數位投資組合』，就是一個很好的例子。這是『由理財額度僅1000新幣（約720美元）的個人客戶自行投資，但可瀏覽由星展銀行財富管理策略分析師所提供的分析與建議』的一種服務，也就是混合式的『人機理財服務』。換言之，星展銀行正運用數位化的力量，推動金融服務的民主化。」

　　過去只有理財額度較高的貴賓級客戶，才能享受到諸如此類的理財服務。有了AI之後，如今預算有限的一般客戶也能享受同等待遇。這就是一個「金融服務民主化」的典型案例。

　　接下來引用的這一段文字，是與(3)「實現永續社會」相關的內容，而它也同樣是《歐元雜誌》所給的評論。

　　「在台灣、新加坡和香港之外，星展把中國、印尼和印度這

三個占全球成長40%～50%的市場，也列入重點。

　　此舉還反映在星展的永續和『環境保護、社會責任、公司治理』（ESG）原則上。2019年11月，星展銀行成為東南亞最早簽署『赤道原則』（Equator Principles）的銀行。2019年全年度已完成三十五件永續金融交易，合計金額達50億新幣。

　　此外，在爆發新冠病毒疫情之際，高博德執行長向集團的POSB[3]部門下令，要盡快為居住在新加坡但經濟上卻被孤立的移工提供銀行服務。光是2020年4月，就有四萬一千名移工為了開POSB Jolly[4]的帳戶而在星展集團開戶。開戶之後，用戶就可匯款到國外，或可透過簡訊為行動電話預付卡儲值。」

　　「赤道原則」是一套跨國架構，用來確認金融機構在辦理專案融資時，已顧慮到該項專案對地球環境、在地社會可能造成的影響。從這裡我們也可以看出各界對星展銀行的讚譽，除了肯定它作為「數位銀行」的傑出表現外，還包括了在疫情期間的迅速應變等，那種追求「至善」的態度。

　　接著，這裡還要引用《歐元雜誌》在評選星展銀行為「2019年全球最佳銀行」時，所做的講評：

---

[3]　譯註：新加坡郵政儲蓄銀行，原為公股金融機構，於1998年被星展集團收購，現為集團旗下子公司。

[4]　譯註：POSB Jolly是專為新加坡移工開發的一款行動銀行應用程式。由於當地移工在疫情期間無法自由外出，便使用這一款app轉帳回國、採買物資。

　　「編輯團隊花了很多時間在討論未來的銀行該是什麼樣貌。而其中的一個特質，就是它必須更廣泛地在社會上扮演該有的角色，並且要是一家把企業責任放在事業核心的銀行。這不只是對員工、客戶的承諾，更是『責任』。」

　　「星展銀行在新冠疫情延燒期間，充分做好了因應數位銀行需求激增的準備。過去十年來，星展銀行在數位轉型上投注了巨額的資金，催生出了完善且有效率的銀行文化。這些投資，在不確定性和風險升高的時期展現成果，強化了銀行的韌性，更在客戶對數位化的需求升溫之際派上用場，幫助銀行變得更茁壯。」

　　而2020年的標語「團結一心，展現強大力量」，則是對外再更加強調星展銀行的社會角色。這個標語下方還有「疫情下具使命感的銀行」（banking with purpose amid pandemic）的副標題。

　　「purpose」通常代表的是「目的」之意，而在這裡則可詮釋為企業的存在意義、事業目的、任務和使命。2020年1月，在達沃斯論壇（Davos Forum）[5]上也提到一段話，主旨是要企業不應只是追求企業利益的極大化，而是該面對過去一直以來，資本主義所導致的環境破壞與社會不公。當時也用了「使命」（purpose）這個字眼。

　　看來在星展銀行2020年年報上所打出的這句標語和副標當

5　編註：即每年在瑞士達沃斯舉行的世界經濟論壇（World Economic Forum，簡稱WEF）的別稱。作者在本書後文中皆用「世界經濟論壇」稱之。

中，蘊涵著他們的決心：要以「創造更好的事業環境」、「為人賦能」、「帶動永續運動」這三個方針為基礎，讓企業的「使命」變得更明確，並與利害關係人共同朝「團結一心，展現強大力量」的方向邁進。

在星展2020年的年報上，出現了一個以往沒有看過的指標——「永續經營／崇高使命的重點摘要」，並且列出了許多績效，包括「貸放給中小、微型企業70億新幣的融資金額」、「對社會創業家的支援、支出達90億新幣」、「為低所得的移民家庭提供四百五十萬份糧食援助」、「員工志工服務時間達五萬七千小時」等。此外，年報中也介紹了星展銀行分別針對「客戶」、「員工」、「社區」這三類利害關係人，所推動的措施。

客戶（customer hope）

「很多客戶在疫情爆發大流行之際，都受到了相當嚴重的打擊。星展銀行對於那些陷於資金流動性不足的企業，提供資金援助，並拉長貸款延期償付的期間。此外，星展銀行也積極提供多元數位解決方案，讓企業、個人只要待在安全的辦公室或家中，就能使用銀行的各項服務。」

員工（employees grit）

「星展銀行體認的銀行業務是社會上不可或缺的服務，為員工提供了居家辦公等多種因應方案。這些措施，讓客戶即使是在疫情高峰期間，仍享受到了完整的服務。此外，為守護員工的身

心健康，星展也推出各項措施，鼓勵員工學習有助於未來發展的技能。星展銀行不僅努力確保員工的工作機會，甚至還在疫情期間加強招募人力，致力創造新的工作機會。」

社區（community purpose）

「星展銀行對於那些在疫情延燒下受到重創的社區，提供了各項支援方案，例如提供食物與醫療器材、對社會福利提供獎助或融資、為外籍移工等難以使用金融服務的族群提供銀行服務，還有發起員工投入志工活動，以改善社會孤立等。」

仔細回想，其實本書中所探討的這些企業，還有一個共通點：儘管他們都因為推動了獨一無二的轉型，而成為業界的先行者，在事業上大獲成功，但他們都沒有因此而滿足，他們還積極向外宣揚新的價值觀和世界觀，讓這些觀念在社會上扎根。而這些活動，正是他們贏得企業內、外各界肯定，促進企業成長的原動力。

星展銀行在2020年12月16日發布了一篇新聞稿，宣布將與世界銀行（World Bank）、Google Cloud、新加坡國立大學（National University of Singapore）等機關團體合作，共同成立一個以強化碳權可信度為目的的計畫，名叫「永續科技加速器計畫」（Sustaintech Xcelerator）。根據新聞稿內容指出，「永續科技加速器計畫」要支持的，是那些為「以自然為本的解決方案」

（nature-based solutions，簡稱NbS）強化可信度的業者〔他們研發與碳封存（carbon sequestration）或生物多樣性有關的遙測（remote-sensing）、AI、IoT，以及氣候科學方面的科技與解決方案〕。

在「2019年聯合國氣候行動高峰會」（The UN Climate Action Summit 2019）上，低碳機構投資人倡議「投資人議程」（The Investor Agenda），發表了一份聯合聲明──〈全球投資人給政府的氣候變遷聲明〉（Global Investor Statement to Governments on Climate Change）；而聯合國環境金融倡議（United Nations Environment Programme Finance Initiative，簡稱UNEP FI）也發起了「責任銀行原則」（Principle for Responsible Banking）……這些舉動，顯見機構投資人和金融機構都已開始將氣候變遷視為經營風險。而「永續科技加速器計畫」其實就是星展銀行在這樣的趨勢之下，對氣候變遷問題所做的因應。

作為一家積極推動數位轉型的金融機構，星展銀行提出了「追求至善」的承諾。在新冠病毒的疫情危機下，星展銀行又會拋出什麼樣的價值觀，來和利害關係人「團結一心，展現強大力量」？後續還會推出什麼更具體的措施？星展銀行的下一步，值得我們持續關注。

第八章

亞馬遜

在「後貝佐斯時代」掌握製造業和
健康照護的數位轉型霸權

Amazon

AWS在「re:Invent 2020」所展現的決心

2020年12月，Amazon Web Service（AWS）舉辦了年度盛事「re:Invent 2020」。往年，這個活動都會在美國拉斯維加斯盛大舉辦，但2020年因為受到疫情影響，被迫改在線上舉辦。

首先，我想談談「re:Invent」這個大家比較陌生的詞彙，這個活動的名稱蘊涵兩個直接的涵義。

在英文當中，「re:」代表的是「關於……」之意；而「invent」則是發明、創新的意思。說到亞馬遜，就會想到它是自創業之初，即提出「地表最崇尚顧客中心主義的企業」這項願景的企業。貝佐斯則用了「傾聽」（listen）、「發明」（invent）、「個人化」（personalize）這三個動詞來定義「顧客中心」。換言之，就是要傾聽顧客的聲音，進而打造出能實現這些心聲的服務。此外，亞馬遜並不崇尚千篇一律的服務，而是要給每一位顧客至高無上的尊重，提供完全個人化的服務。這些就是亞馬遜的顧客中心主義。

綜合上述這些定義，我們可以這樣解讀：「re:Invent」就是一場關於發明和創新的大型會議。

這個會議名稱同時應該也想傳達「reinvent」的訊息，而「reinvent」代表了「重新發明」、「重塑」的意涵。

「重塑」（reinvent）──這場活動的名稱，讓人想起貝佐斯在各種場合一再講述的「DAY 1」（第一天）。

　　貝佐斯幾乎每次談話，都會提到「DAY 1」這個詞彙。它所傳達的訊息，是「對亞馬遜而言，每天都是創辦的第一天」。

　　亞馬遜憑著「創新」這個武器，成長為一家足以爭奪全球總市值龍頭的科技巨擘。要是他們忘了「DAY 1」的精神，就會喪失像新創企業那樣敏捷的企業文化。貝佐斯為了讓員工牢記這份初衷，才會落實地一再強調「DAY 1」。

　　如果「DAY 1」這個名詞是用來象徵如新創企業般敏捷的企業文化，那麼它的動詞就是「重塑」。常保「DAY 1」的精神，傾聽顧客的聲音，持續推動創新──我從「re:Invent」這個活動名稱當中，感受到了上述這樣的訊息。

　　在活動第一天的專題演講當中，AWS的執行長，也就是在2021年第三季時，成為貝佐斯的接任人選而成為亞馬遜主體事業執行長的安迪‧賈西（Andy Jassy）登場，針對「虛擬機器」、「容器／無伺服器」、「資料儲存」、「資料庫」、「機器學習」、「聯絡中心」、「製造IT」、「混合IT基礎設施」等領域，發表了約三十項新服務。

　　其中尤其值得關注的，是在製造業的預測性維護和品質管理方面，推出了機器學習的五項應用服務。

　　這五項應用服務是：利用外接IoT感測器蒐集數據資料，再以AI偵測出工業設備異常之處，也就是提供預測性維護系統的「Amazon Monitron」；專為已設有感測器的客戶提供預測性維護系統服務的「Amazon Lookout for Equipment」；可將一般網

路攝影機變為監視設備的「AWS Panorama Appliance」和「AWS Panorama Device SDK」；能透過影像偵測出瑕疵品的「Amazon Lookout for Vision」。

賈西在介紹過這五項服務後表示：「製造業等工業領域的企業，其實都明白機器學習的應用，能為顧客體驗和工廠帶來變革，但缺乏相關的技術或人才。為了解決這個課題，我們研發出了前面介紹的這幾套解決方案。」（「Monoist」網站，2020年12月3日）

此外，在AWS負責機器學習的副總裁斯瓦米・席瓦蘇布拉瑪寧（Swami Sivasubramanian）也表示：

「工業領域和製造業的客戶，經常在顧客、政府和同業競爭者的驅使下，不得不降低成本、改善品質、遵循法規。」

「我們很高興能推出這五套工業用途的機器學習新服務。客戶可以輕鬆迅速地完成安裝、起動和執行，還能串接雲端和邊緣，提供未來型智慧工廠給工業領域客戶。」

（「ZDNet Japan」網站，2020年12月2日）

究竟為什麼這五項服務特別值得關注？儘管相關發表內容在日本並沒有博得太多媒體的報導版面，但它們在「亞馬遜實質跨足製造業的數位轉型領域」方面，其實具有很重要的意義。

製造業數位轉型方案「Amazon Monitron」

為了讓各位可以更了解正式跨足製造業數位轉型的亞馬遜究竟祭出了什麼策略，這裡要先介紹已準備正式推出的「Amazon Monitron」。

簡而言之，「Amazon Monitron」就是運用機器學習的技術，偵測出工業設備異常運作的一種服務。在馬達、變速箱、幫浦、風扇、軸承、壓縮機等工業設備上安裝感測器，把資料蒐集到AWS，用以監控（monitoring）設備運作，並執行「預測性維護」程式。偵測到異常狀況時，就會發送警示到負責人的手機應用程式。「Amazon Monitron」與發生故障或異常後再處理的「事後維護」不同，隨時都在監控設備運轉狀況，以便在故障前就進行維護，減少預期之外的停機時間。

以往，生產現場的預測性維護，多半要仰賴特定人士的經驗，或必須引進昂貴的感測器，但這兩者都不容易做到。「Amazon Monitron」的服務網站上，寫著以下這段描述：

「安裝感測器、串接數據資料、儲存、分析和警示所需要的基礎設施，是實現預測性維護必備的基本要素。可是，以往企業要讓這一套基礎設施順利運作，需要熟悉相關業務的資深工程師和資料科學家，從零開始把這些要素組合成一個複雜的解決方案。這當中還包括了要找出適合各企業使用的感測器類型，自行採購，還要讓它們與IoT閘道器（gateway，將蒐集到的數據資

料傳送出去的裝置）連線。到頭來，幾乎沒有任何一家企業能成功地讓預測性維護上線運作。」

而「Amazon Monitron」就是一套為製造業解決前述課題的方案。

「一套Amazon Monitron當中，包括了從設備上蒐集震動和溫度資料的感測器、能將資料安全傳送到AWS上的閘道器裝置、用機器學習來分析設備異常樣態等資料的Amazon Monitron服務，以及安裝在裝置上，用來接收設備運作報告和潛在故障提醒的行動同步軟體（companion mobile app）。即使沒有研發實務、機器學習方面的經驗，也只要花幾分鐘時間，就能開始監控設備是否正常，還可使用亞馬遜訂單履行中心用來監控設備的技術，進行預防性維護。」

導入Amazon Monitron的好處，都已匯整在此：除了可以「在故障前偵測到設備異常」，又能壓低硬體的先期投資金額，還能省去分析資料所需的專業知識和麻煩手續。它甚至連導入都很簡便，只有以下四個步驟：

（1）在馬達、變速箱、風扇、幫浦等旋轉設備上，安裝Amazon Monitron無線感測器，測量設備的震動與溫度。
（2）Amazon Monitron閘道器會自動且安全地將感測器的資

料傳送到AWS。

（3）機器學習會自動分析感測器接收到的資料，偵測出可能需要維護的異常設備。

（4）偵測到異常時，行動應用程式會傳送推播通知到裝置上。

而這些日常使用，只要在手機上操作即可。

只花715美元，就開始在生產現場推動數位轉型

在生產線或倉庫等現場，各種工業設備發生無預警故障時，都會造成重創。如果發生的時機不巧，還可能對公司事業造成嚴重的影響。

根據AWS官方網站上的描述，企業為了避免諸如此類的狀況發生，通常會搭配使用以下這些因應方式：

（1）**運轉至故障**：讓設備一直運轉不維護，直到它無法正常運轉為止。修理完後，再讓設備回到運轉狀態。然而，設備的整體狀態並不明朗，也無法控制何時會再故障。

（2）**計畫性維護**：不論設備狀態如何，一律定期或依量化標準執行事先定義的維護作業。至於計畫性維護的效果如何，端看維護指示或計畫的循環好壞。保養過度或維護不足時，會造成無謂的成本，或有出現故障之虞。

（3）**設備狀態基準維護**：監控零組件的狀態超過閾值時，即進行維護。過程中會監控零組件的耐性、溫度、震動等物理特性，是比較妥善的方式。這樣的做法，可降低維護需求和維護成本。

（4）**預測性維護**：監控零組件的狀態，偵測出潛在問題，並追蹤這些問題為何發生。維護會規劃在預期可能的問題發生前、且維護總成本最有效率時進行。

設備狀態基準維護和預測性維護，都需要在寶貴的設備上安裝感測器。這些感測器會量測、取得相關的溫度、震動等物理數據。而這些數據的變化，就是潛在問題或設備狀態惡化的領先指標。

在AWS的官方網站上，還有這樣的描述：「正如各位所想像的，要建構和導入這樣的維護系統，需要客製化的硬體、軟體、基礎設施、流程等，到頭來可能會發展成一個長期、複雜且很花成本的專案。因為客戶向我們尋求支援，所以我們才投入了這個事業。」

假設一家經營製造業的中小企業，有意在自家工廠引進預測性維護的基礎設施，需要花多少錢呢？企業需要在生產設備上安裝感測器，再透過感測器蒐集資料，運用AI進行分析，從中偵測出異常——要研發、導入這一連串作業所需要的基礎設施，幾

百、幾千萬日圓的投資恐怕還不夠。各位應該不難想像，這個投資的規模將上看好幾億日圓。

然而，看看Amazon Monitron的價格：含五個感測器和閘道器，再加上AC配接器的入門套組，價格是715美元，追加用的感測器則是五個517美元，堪稱是破盤低價。實際導入時，只會有兩筆費用：感測器和閘道器都只需要付一次費用買斷，使用期間則視Amazon Monitron感測器的數量，持續收取以量計價的服務費，不必追加預付款或簽訂長期合約。

Amazon Monitron正是因為「客戶向我們尋求支援」，而打造出來的一項產品。「亞馬遜跨足製造業」聽起來或許會讓人感到很新奇，但對於向來從「顧客中心主義」的使命出發，傾聽客戶的聲音，接連催生出多項新事業的亞馬遜而言，Amazon Monitron堪稱是極具亞馬遜風格的最新創新之舉。

若用「理想世界觀」實現工作表來分析Amazon Monitron，就可整理如圖表8-1所示。

導入Amazon Monitron的企業陸續回饋了一些意見，AWS將其中一部分刊登在官方網站上。從這些導入案例當中，我們可以看到企業如何運用Amazon Monitron，以及解決了什麼樣的課題。

跨國樂器製造商芬達（Fender），就是其中的一個例子。

「這一年來，我們與AWS合作，研發出了一套可掌握設備狀

圖表8-1　Amazon Monitron的「理想世界觀」實現工作表

「理想世界觀」：Amazon Monitron
在中小企業的工廠裡，也能以低成本做到「製造業的數位轉型」（能以低成本導入系統，以便在設備故障前偵測出異常，進而提高工廠的生產力）

商品（product）
故障前就能偵測到異常的感測器×AI的IoT平台服務

給顧客的價值（customer value）
希望能在故障前偵測到異常，事先避免工廠停工

價格（price）
需要硬體、軟體、感測器、資料管理、AI等，價格昂貴

顧客的成本（customer cost）
可只導入需要的功能，而且是訂閱制

地點（place）
難以低價供應客製化方案

方便性（convenience）
取得資料後就可自動分析，不需要研發實務或AI方面的知識

推廣（promotion）
透過專業媒體進行宣傳

溝通（communication）
透過AWS所做的一連串雲端服務，和以AI服務為出發點的溝通

「現狀課題」：提高工廠的生產力
企業想導入可在故障前偵測到異常的系統，以提高工廠的生產力。但導入的成本相當高，也缺乏相關的專業知識（還需要AI等）

（作者編製）

態的機制。這些機制其實是製造業成功的重要關鍵，卻經常被忽略。對全球的製造商而言，確保設備正常運作的時間，是我們在全球市場上維持競爭力的唯一方法。設備穩定運轉，讓我們不會因突然發生的故障而驚慌，我們就能將設備的產能發揮到極致。發生預期之外的停機時，我們就必須多付出生產力和勞動力上的成本，去找出故障的原因。不論是大企業或微型企業，都可利用Amazon Monitron的運轉狀態監控系統，在嚴重故障導致設備突然停機前，預測機器可能發生的問題。如此一來，企業就可在設備故障前，依計畫日程安排維護。」

　　還有奇異燃氣發電（GE Gas Power）的案例。

　　「若能在既簡單且成本又低的前提下，讓這麼多設備資產全都連線監控，當然就可以降低維護成本和停機時間。不僅如此，我們還想運用更精密的演算法，來偵測設備目前的狀況有無異常，並預測後續運轉是否正常。如此一來，我們就能從『以運轉時間為基準』的維護模式，調整為依『預測』、『規定』進行維護。用了Amazon Monitron之後，我們可以根據感測器蒐集到的資訊，迅速改良設備資產，也能和這些設備連線，在AWS的雲端上進行即時分析。我們不需要學會艱深的技術，也不需要建置自有的IT和OT網路。起初我們先將它安裝在易震動的滾筒上，之後就看到這個願景得以用驚人的速度實現。作業人員和維修團隊便於操作，安裝簡單，還可大規模安裝──這對我們奇異而言很有吸引力。在試用期間，我們還體驗到用遠端空中下載技術（OTA）升級韌體，就能一鍵更新的方便性，完全不必實際觸碰

感測器。今後，隨著我們的規模擴大，這麼方便的更新，將會是我們在支援和維護大量感測器時的關鍵功能。」

製造業也從「比產品」轉為「比生態圈」

說穿了，Amazon Monitron只不過是亞馬遜跨足製造業數位轉型的第一步。我在其他各章也再三強調，目前各行各業的「競爭條件」都在改變，製造業當然也不例外。早期是手機先起步，現在汽車也逐漸蛻變，如今這波數位轉型的浪潮也將影響整個製造業。我認為Amazon Monitron就是製造業展開數位轉型的象徵，而亞馬遜也打算以Amazon Monitron為起點，逐步取得製造業數位轉型領域的霸權。

以往，製造業的競爭擂台都在「產品」領域，質精價廉的軟體、硬體等產品，正是企業競爭力的來源。然而，Amazon Monitron問世之後，「平台」這個概念也在製造業的現場應運而生，這裡所說的「平台」，就是由「可預測設備故障的感測儀器」搭配「AI分析」所組成的IoT平台。

今後，亞馬遜應該會打算更進一步地爭取整個生態圈——也就是包括軟體和各項服務在內的「智慧工廠生態圈」霸權。

不在單一產品上較量，而是用整個平台、整個生態圈來爭高下，這是很「GAFA」式的戰法。就亞馬遜的例子而言，把語音辨識的AI「Alexa」塑造成生活服務的生態圈，或是把智慧音箱「Amazon Echo」打造成智慧家庭平台，其實都是如此。亞馬遜

圖表8-2 競爭條件的變化（製造業數位轉型）

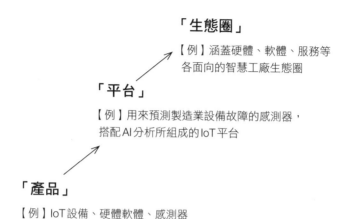

「生態圈」

【例】涵蓋硬體、軟體、服務等
各面向的智慧工廠生態圈

「平台」

【例】用來預測製造業設備故障的感測器，
搭配AI分析所組成的IoT平台

「產品」

【例】IoT設備、硬體軟體、感測器

（作者編製）

把「Amazon Echo」當作顧客接觸點，而「Alexa」則是不斷從外界吸納各式各樣的商品、服務與內容，並且不斷擴大，最終打造出了一個將AWS涵括的大範圍法人客戶網絡，以及新世代汽車車用系統領域都包羅在內的大型生態圈。

現在亞馬遜要用Amazon Monitron打頭陣，在以「AI×IoT」平台為起點的智慧工廠領域，再複製同樣的做法。

一直以來，日本製造業眼看著科技領域的霸權接連被GAFA把持，卻似乎還是莫名地樂觀——因為他們認為，製造業是「製造大國」日本最後的堡壘，GAFA應該攻不進來吧。

會有這樣的心態，是因為日本製造業躲在製造業數位轉型的層狀結構裡。如圖表8-3所示，硬體、產品、零件和裝置是整個

圖表8-3　製造業數位轉型（IoT平台）的層狀結構

| 應用程式、系統、服務 |
| 資料、AI分析 |
| 網路、連結 |
| 感測器、感測 |
| 硬體、產品、零件、裝置 |

（作者編製）

層狀結構的基礎，位在最下層，而這裡也是日本製造業固若金湯的堡壘。GAFA當中只有蘋果是以委外生產的方式，保住了「製造業」的形式，但實際上並沒有從事生產。

　　然而，這次亞馬遜端出了新的層狀結構，也就是圖表8-4。這個結構是以AWS的雲端運算為基礎，建立了IoT平台，再將硬體、產品、零件、裝置定位在平台之上。

　　AWS問世之初，原本是作為雲端運算服務之用。目前除了供應儲存、資料庫、伺服器和網路等基本電腦基礎設施之外，也提供AI和IoT的平台服務。

　　Amazon Monitron要在這個IoT平台上，移動由既有製造業者生產的硬體、產品、零件和裝置，以破壞、重塑原有的層狀結構。今後，硬體、產品、零件和裝置，應該還是會一如既往，繼續由日本製造商生產；只不過他們的定位，卻只是AWS這個偌

圖表8-4 亞馬遜AWS上的BtoB層狀結構

應用程式、系統、服務

硬體、產品、零件、裝置

AWS IoT平台

AWS AI平台

AWS 雲端運算

（作者編製）

大平台上的一介參與者罷了。

AWS的潛力

不斷地從製造業現場蒐集資料的AWS，如果還有發展潛力的話，那麼亞馬遜遲早還會再發表專為製造業規劃的新服務。

AWS究竟是什麼？亞馬遜公司的主體所經營的，是為一般消費者服務的事業，而AWS原本是支持這項本業的電腦、資訊科技部門，後來才發展成為一個單獨的事業。有了AWS的服務之後，客戶可以將準備硬體、設備的麻煩和成本壓縮到極限，還可透過網路使用各項資訊科技技術的資源。關於這一點，賈西執行長曾表示過這樣的意見：

「我們想像的，是讓『住在宿舍的大學生，也能和世界級

大企業使用相同基礎設施』的世界。成本結構和大企業相同，等於是幫新創企業和小公司創造出一個能和大企業一較高下的擂台。」〔《什麼都能賣！：貝佐斯如何締造亞馬遜傳奇》（*The Everything Store: Jeff Bezos and the Age of Amazon*）；繁中版由天下文化出版，日文版由日經BP出版〕

如今，AWS已成為全球首屈一指的雲端服務。而更重要的是，正當我們在討論它的此刻，AWS分分秒秒都在累積著大數據。

一直以來，亞馬遜透過與顧客之間的各種接觸點，包括電商網站、電子書閱讀器「Kindle」、語言辨識AI「Alexa」，以及無人便利商店「Amazon Go」等，蒐集大數據，以便改善顧客體驗，例如優化推薦內容、商品、服務，並撙節成本等。而在BtoB領域當中，亞馬遜也透過AI平台等途徑蒐集大數據，用同業難以模仿的規模和準確度，仔細地「傾聽顧客的聲音」。

亞馬遜有了AWS這個穩固的基礎，便正式跨足製造業現場。而這個舉動，將會帶來多大的衝擊呢？我很期待亞馬遜在繼Amazon Monitron之後，還會推出什麼樣的服務。

健康照護事業的發展

「什麼都能賣的超級公司」亞馬遜，不僅投入了製造業的數位轉型，在健康照護領域也準備發動「從『比產品』轉為『比生

圖表8-5 亞馬遜蒐集的大數據及其應用

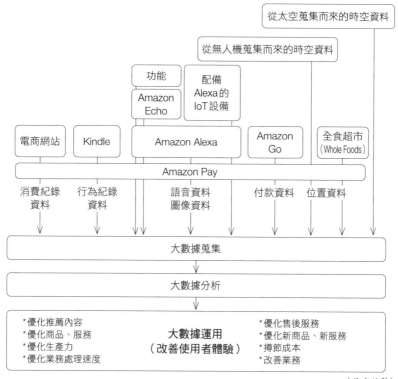

從太空蒐集而來的時空資料

從無人機蒐集而來的時空資料

| 功能 | 配備 |
| Amazon Echo | Alexa的 IoT設備 |

電商網站　Kindle　Amazon Alexa　Amazon Go　全食超市（Whole Foods）

Amazon Pay

消費紀錄資料　行為紀錄資料　語音資料圖像資料　付款資料　位置資料

大數據蒐集

大數據分析

*優化推薦內容
*優化商品、服務
*優化生產力
*優化業務處理速度

大數據運用
（改善使用者體驗）

*優化售後服務
*優化新商品、新服務
*撙節成本
*改善業務

（作者編製）

態圈』」的改革。2020年就是亞馬遜讓外界隱約看見保健生態圈全貌的一年，我用圖表8-6來呈現這個生態圈的結構。

　　健康照護生態圈同樣是建立在AWS這個雲端運算的基礎上。2020年發表的健康數據湖Amazon HealthLake就是一款在AWS上累積醫療、健康數據資料，再進行加工、分析，並提供給醫療從業人員的服務。

圖表 8-6　亞馬遜及 AWS 上的健康照護生態圈

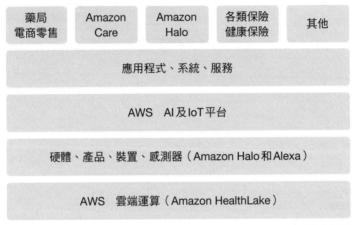

| 藥局 電商零售 | Amazon Care | Amazon Halo | 各類保險 健康保險 | 其他 |

應用程式、系統、服務

AWS　AI 及 IoT 平台

硬體、產品、裝置、感測器（Amazon Halo 和 Alexa）

AWS　雲端運算（Amazon HealthLake）

（作者編製）

　　而再往上一層則是硬體、產品、裝置和感測器。2020 年，亞馬遜發表了穿戴式裝置「Amazon Halo」，這是一款透過加速度計、體溫感測器和心率監測器等工具，從使用者身上蒐集數據資料的產品。亞馬遜會根據這些資料，分析使用者的健康狀態，並呈現在行動裝置的應用程式上。而更早一步推出的語音辨識助理「Alexa」上，也出現了健康照護方面的功能。

　　再往上還有 AWS 的 AI 及 IoT 平台層，以及應用程式、系統、服務層。具體而言，亞馬遜提供的各項功能包括了在線上和線下服務的藥局 Amazon Pharmacy、專為內部員工服務的「Amazon Care」和「Amazon Halo」等。

　　儘管現階段尚未宣布，不過既然是崇尚顧客中心主義的亞馬遜，我預期他們打算等 Amazon HealthLake 裡的使用者健康、醫

療資訊累積到一定程度之後，再讓這些資料在健康保險等各類保險服務上開花結果。尤其在沒有全民健保的美國，這些保險商品的需求應該會相當旺盛。

　　以下我們就逐項來看看亞馬遜的五大健康照護事業。

（1）以AWS為基礎的醫療資料相關服務「Amazon HealthLake」

　　說到Amazon HealthLake為何，它其實是AWS上的一種功能。它在2020年底時推出，用來蒐集、轉換、分析醫療院所、藥局等的醫療數據資料，再提供給醫療從業人員、保險公司、藥廠等參考。它的特色，就是把病人以往分散在各處的大量醫療數據，經過AI的自然語言處理之後，成為匯整過的、有分類索引的結構化資料。即使是以不同形式或系統記錄、保存或管理的病歷、檢查結果、理賠申請書、醫療影像、對話錄音、心電圖和腦波等缺乏一致性或完整性的資料，都能以方便任何人使用的形式，整理出醫療資訊。

　　亞馬遜舉了一個例子：假設我們想問「一位高血壓的病人，去年在使用降膽固醇的藥物之後，有什麼效果？」那麼「Amazon HealthLake」就能讓我們快速地找到正確答案。此外，「Amazon HealthLake」還能找出醫療數據資料當中的趨勢和異常，也可在觀察病程發展、臨床實驗的有效性、保險費的正確性，以及在其他多種用途上，做出比以往更精確的預測。

（2）內部員工專用的診療服務「Amazon Care」

「Amazon Care」是專供亞馬遜內部員工及家屬使用的醫療服務。除了可透過專用的應用程式，提供視訊通話和文字訊息的線上診療之外，必要時還可進行醫師訪視診療和護理訪視，部分區域還有送藥到府服務。

這項服務於2019年9月起在亞馬遜內部啟用。到了2021年3月時，有報導指出亞馬遜將於同年夏季之際，將「Amazon Care」的服務對象擴大到全美各企業。

「美國時間3月17日，Amazon Care已在亞馬遜總公司所在地的華盛頓州，為其他企業提供相關服務。這代表亞馬遜的目標，是要爭取其他企業把Amazon Care這項服務當作員工福利的一環。亞馬遜強調Amazon Care在檢驗速度上領先同業，並把它當作這項服務的一大優勢，舉例來說，包括新冠病毒在內的各項檢驗，都能迅速地發送檢驗結果。

在Amazon Care的營運機制當中，充滿了許多亞馬遜獨有的用心巧思。只要加購面對面訪視的自選服務，系統就會透過應用程式通知醫師或醫事人員預計到府訪視的時間；而亞馬遜的應用程式原來即會在宅配商品時發送通知，這兩者運作的機制，相似到令人毛骨悚然的地步。」（「TechCrunch」網站，2021年3月18日）

這種「先在公司內部發展，成效不錯的話，再向外推廣」的

做法，在亞馬遜這家公司裡時有所聞，例如亞馬遜在創業之初，高層就預期到迅速配送將成為電子商務的命脈，便大手筆投資興建了自家的倉儲和配送網路。如今，亞馬遜還把這些倉儲和配送服務，提供給在電商市集Amazon Marketplace上開店的外部業者，為公司挹注營收。而市占率勇冠全球的雲端服務AWS，也循同樣的模式誕生——原本建構AWS的目的，是要供亞馬遜內部的雲端運算之用，後來才擴大提供給法人客戶使用。而原本只為內部員工服務的健康照護事業，也如法炮製，開始向外拓展事業版圖。

　　在員工的健康照護服務方面，亞馬遜於2018年時，與美國的摩根大通銀行，以及投資暨保險公司波克夏海瑟威（Berkshire Hathaway），為了提供健康照護服務給自家員工，而合資成立了醫療保健公司「避風港」（Haven），掀起了話題討論。儘管避風港公司已於2021年結束營運，但亞馬遜還是鴨子划水地發展

圖表8-7　亞馬遜「將內部業務發展成事業」的歷史

亞馬遜內部業務	對外發展的事業
物流業務	亞馬遜訂單履行中心
雲端運算	AWS
電子商務	Amazon Marketplace
行銷業務	Amazon Advantage
支付業務	Amazon Pay
總務業務	Amazon Business
員工健康照護	Amazon Care

（作者編製）

自家的健康照護服務。另外，在2019年10月時，亞馬遜收購了經營視訊看診服務暨研發病人檢傷分類工具的「健康導航公司」（Health Navigator），並將其整併到Amazon Care旗下。如今，健康導航公司的技術在Amazon Care上都獲得發揮與運用。

（3）線上藥局「Amazon Pharmacy」

Amazon Pharmacy是處理處方箋的線上藥局服務，於2020年11月正式上線啟用，使用者可於線上預訂、購買處方用藥或其他藥品，管理處方箋，記錄已投保的保險等。這項服務不限亞馬遜員工，凡年滿十八歲的亞馬遜會員皆可使用，Prime會員可享免費配送，且在合作藥局購買處方藥時還可享折扣等優惠，目前已推廣到全美各地。

其實亞馬遜早在2018年時，就已收購了提供線上藥品銷售和處方用藥配送服務的PillPack。Amazon Pharmacy利用PillPack原有的配送服務，為慢性病患者提供以三十天為週期，自動配送乳液、錠劑、眼藥、吸入器和內服藥的自選方案。若顧客對藥品有任何疑問，會由藥劑師提供二十四小時全年無休的電話諮詢服務。

（4）語音辨識AI「Alexa」的藥品管理輔助功能

亞馬遜和連鎖藥局巨鷹（Giant Eagle Pharmacy）合作開發了一種透過語音辨識AI「Alexa」來支援藥品管理的功能。有了這項功能，就可根據處方箋內容進行設定，來提醒病人服藥，還可

在必要時訂購補充用的藥品。這項功能原本只提供給旗下有近兩百家門市的連鎖藥局「巨鷹」的顧客使用，但目前已擴大服務其他藥局。另外，亞馬遜也與一家提供給藥及供應管理服務的Omnicell公司合作，共同研發語音請求補藥的工具。

（5）健康照護與保健平台「Amazon Halo」

2020年8月，亞馬遜發表了一款健身用的穿戴式裝置「Amazon Halo」，並已在美國推出。這是一款佩戴在手腕上的手環，內建加速度計、體溫感測器、心率監測器和兩組麥克風，用來蒐集使用者的健康數據資料。Amazon Halo在分析過這些資料後，會在與裝置連動的應用程式上顯示使用者的健康狀態。而量測到的使用者個人資料，則會以加密的形式轉傳到AWS上儲存、管理。手環本體可在亞馬遜的電商平台上買到，並搭配與它合作的訂閱服務一併販售。

Amazon Halo的主要功能有五項：依運動強度和時間提供點數給使用者的「Activity」、能用心跳和體溫分析睡眠狀況的「Sleep」、量測體脂肪率的「Body」、測量聲音狀況的「Tone」，以及提供最佳訓練內容的「Labs」。

它不單只是亞馬遜的服務，也結合了第三方提供的訓練內容—— Amazon Halo要提供建議方案，讓使用者透過最佳訓練內容建立健康的生活習慣之際，還會由「橙式健身」（Orangetheory Fitness）、「8fit」、「Openfit」等第三方健身工作室提供課程。

　　有了以上這五大健康照護事業，亞馬遜以雲端和「大數據×AI」為基礎，建立了健康照護和健身的生態圈，並藉此蒐集使用者的健康照護資訊，以便打造出一套不斷壯大生態圈的機制。我在第三章介紹過蘋果的健康照護事業，兩相比較之下，亞馬遜這個生態圈的涵蓋範圍更廣。

　　只不過，如果單就 Apple Watch 和 Amazon Halo 這兩個穿戴式裝置來比較，對顧客體驗、工業設計上的講究而言，是蘋果技高一籌；如果就一個不只侷限於「健康照護」功能的裝置來看，消費者會比較想佩戴的，還是 Apple Watch。

　　然而，亞馬遜的健康照護事業已有「銷售藥品」這個穩當的金雞母，又為業者提供服務，讓人感受到它的成長潛力。蘋果和亞馬遜，究竟誰會在健康照護領域稱霸？現在要下定論，恐怕還言之過早。

貝佐斯執行長卸任所代表的意義

　　要談亞馬遜未來的走向，就不能不提貝佐斯執行長卸任的這則新聞。

　　美國時間2021年2月2日，當我聽到「貝佐斯將於2021年年底前卸下亞馬遜執行長一職，轉任董事長」的消息時，大感震驚。我是個不折不扣的「貝佐斯觀察家」，有他現身的影片，我幾乎全都看過；他寫給股東的信、採訪時發表的評論等，我也盡可能全都看過。因此，當退位消息一出時，我首先最想關心的，

是卸下執行長身分後的貝佐斯要到哪裡高就。

　　貝佐斯過去曾多次強調：「我成立亞馬遜，其實是為了發展太空事業。」當年貝佐斯在看到阿波羅十一號登陸月球表面後，就一直懷抱著「當太空人」的夢想，還曾在佛羅里達州的科學研究競賽裡，以〈無重力狀態對蒼蠅的影響〉這篇論文獲獎。

　　時至今日，貝佐斯已將亞馬遜打造成全球最強大的「什麼都能賣的超級企業」，卻還是在追尋他的夢想。2000年時，他以個人名義成立了一家航太公司「藍色起源」（Blue Origin），投入火箭研發，和持續透過「太空探索科技公司」研發火箭的馬斯克，可說是競爭關係。

　　考量這些前因後果，想必貝佐斯在卸下執行長一職後，應該會先把心力投注在「藍色起源」。不過，在卸任之際，他發了一封電子郵件給員工，內容如下：

　　「成為公司董事長之後，我會繼續推動亞馬遜各項重要的新事業，並把時間與精力投注在貝佐斯初日基金會、貝佐斯地球基金會、藍色起源、華盛頓郵報，以及其他興趣上。」（節錄自亞馬遜企業新聞網站，2021年2月2日）

　　照這樣的寫法看來，似乎暗示藍色起源的優先順序，是排在為教育和弱勢家庭提供支援的慈善基金會「貝佐斯初日基金會」，以及推動氣候變遷對策的「貝佐斯地球基金會」之後，也就是第三位。不論如何，我想貝佐斯今後在公益活動的基金會營運方面，應該會投入比太空事業更多的心力。

　　貝佐斯變了嗎？說到貝佐斯，就會讓人想到他是向來奉行「顧客中心主義」、在商場上一路奮力衝撞的人物。另一方面，他雖然是全球首屈一指的富豪，但對參與公益活動卻不是很積極。

　　亞馬遜這家企業也是一樣。長年來，他們在評比行銷方面的排行榜上，總是名列前茅；但在企業社會責任（corporate social responsibility，簡稱CSR）、ESG、SDGs等方面的排名，卻總是排在後段班。包括微軟的比爾・蓋茲（Bill Gates）在內，科技業的富豪們都樂善好施，和亞馬遜呈現鮮明的對比。

　　而這樣的貝佐斯，為什麼事到如今才打算一百八十度大轉彎，為「解決社會問題」投注心力呢？

　　我個人認為，包括決定卸下執行長一職在內，促成貝佐斯轉變的分歧點，應該是他和前妻麥肯琪（MacKenzie）離婚。

　　貝佐斯夫婦於2019年1月宣布結束婚姻，同年4月離婚正式成立。當時麥肯琪取得了相當於亞馬遜4%的股份，也就是約383億美元（約4兆1500億日圓）的資產。而在離婚成立後，麥肯琪宣布將捐出185億美元（約2兆日圓）做公益，2020年7月捐出了17億美元，之後到12月為止又捐了42億美元（約4200億日圓）。如今，她已成為知名的慈善家。

　　回想起來，貝佐斯的行為是從離婚那一年開始出現變化。離婚四個月後，也就是2019年9月，他以亞馬遜執行長的身分，簽署了「氣候承諾」（The Climate Pledge），這是一個以「在2040

年之前做到實質零碳排」為目標的承諾。它的簽署，使得亞馬遜在GAFA四雄中拔得頭籌，就連在美國企業當中，亞馬遜也是最早宣布要做到碳中和的公司。2020年2月，貝佐斯還捐出100億美元（約1兆日圓），成立了「貝佐斯地球基金會」。

就我的觀察，貝佐斯當年主要是因為太空事業等個人興趣，才會創辦亞馬遜；但這項行為準則在2019年之後，明顯地出現了轉變。現在的貝佐斯，其實就像特斯拉的馬斯克一樣，懷抱「要拯救再這樣下去恐將滅亡的人類」的豪情壯志，並在它的驅使下行動。在這當中，我們可以很明顯地感受到來自麥肯琪的影響。至於氣候變遷對策方面，應該也是受到他那不願輸給其他GAFA企業的競爭心態所驅使的吧。

貝佐斯退位還有一個可能的原因，那就是近來GAFA所面對的阻力越來越強，「強力主導市場，獨占市場利益」、「妨礙正常競爭」……諸如此類批評GAFA的聲浪，在美國日益升高。2020年時，GAFA這四家企業的執行長被傳喚出席參議院舉辦的聽證會，貝佐斯也在會中受到嗆辣的言詞洗禮。

以往在美國，批評GAFA的多是民主黨人，但在川普（Donald Trump）執政末期，GAFA對川普的個人帳號祭出了停權處分，使得親川普的共和黨保守派勢力也開始對GAFA抱持強烈的憎惡。如今，「打GAFA」可說是共和黨與民主黨意見一致的少數政策之一。

只要貝佐斯繼續帶領亞馬遜，日後恐怕很難避免再被國會傳

喚、當眾批判的命運。自恃甚高的貝佐斯恐怕內心真正想說的，是「再也不想碰到這種事」吧。

亞馬遜元老級人物接班，完整繼承貝佐斯DNA

貝佐斯這位當代的傳奇創業家退位，對亞馬遜的事業會帶來什麼樣的影響呢？就結論而言，我認為這對亞馬遜應該會是一項利多。

貝佐斯在2017年年報上所附的致股東公開信當中，提到了「避免亞馬遜染上大企業通病的四個法則」。而其中的方法之一，就是「迅速決策的機制」，因此貝佐斯訂定了一項「將決策方式分為兩類」的規則。

這項規則，就是將決策分為「可逆」與「不可逆」。針對那些可逆的事項，貝佐斯已經預留了失敗的空間，並乾脆地做出決定；至於不可逆的事項，則採取詳加討論的原則。對貝佐斯而言，這其實也是在宣示他「小事交給團隊成員決定，重要決策自己也會參與承諾」的態度。換言之，除了重要問題之外，他會盡可能授權給部屬決定。

如果卸任執行長一事也循同樣原則辦理，那麼貝佐斯其實只是拉高了自己「參與經營決策的門檻」。一般認為，未來貝佐斯仍會持續參與亞馬遜的重大議案決策，其餘的就交由新任執行長處理，僅此而已。

新任執行長賈西是亞馬遜的元老級人物之一。他1997年自

哈佛大學商學院畢業後，隨即進入當時才剛創立的亞馬遜服務。後來他從無到有，一手建立了AWS事業，並將它拉拔成貢獻亞馬遜逾六成獲利的事業。

其實AWS才是從「大數據×AI」的角度，支持亞馬遜追求「顧客成功」這個崇高價值的根基。我們可以相信，賈西完整地繼承了貝佐斯在亞馬遜所提倡的使命、願景和價值。就結果來看，這次執行長換人之後，不僅不會動搖亞馬遜的經營，反而能加快亞馬遜的決策速度。

另一方面，也有一派看法認為，這次亞馬遜的改朝換代，反映出亞馬遜的危機感。執行長換人的消息，是在亞馬遜的獲利因為新冠疫情而創新高時宣布，這個動作的涵義，固然也可解讀為是要讓貝佐斯「光榮退位」，但亞馬遜的情況其實並不如外界想像的美好——綜觀幾家競爭企業，不難發現：零售業有成功數位轉型的沃爾瑪急起直追（請參閱第一章）；雲端事業則有市占率突飛猛進的微軟，成長率更勝亞馬遜（請參閱第五章）。儘管亞馬遜在數字上創下了獲利新高，但競爭對手卻個個緊追在後。

在這樣嚴峻的競爭態勢下，貝佐斯欽點賈西接棒出任執行長的一大主因，想必是因為賈西一手開創了AWS事業，也是AWS事業最高主管的緣故。目前在亞馬遜的事業當中，AWS是發展前景最被看好的一項事業。以往在貝佐斯手下還有三位平起平坐的經營高層，但就企業組織而言，這樣的指揮系統在決策上往往慢半拍，才會在雲端領域被微軟窮追猛打。不過，只要提拔負責

AWS的賈西出任亞馬遜公司的執行長，加速雲端事業發展的腳步，將來就可望和微軟拉開差距。

此外，我也想再次強調，本章探討了亞馬遜所帶動的「製造現場數位轉型」，而其中的關鍵，也是AWS。Amazon Monitron是一套結合感測器與AI，把數據資料蒐集到AWS上的IoT平台，以便預測製造現場的設備故障問題，提前做好設備維護的訂閱式服務。而當初開發出這一套服務的，也是AWS部門。日本企業一直深信製造現場是「GAFA無從插手的世界」，如今亞馬遜已介入了它的數位轉型。現在，Amazon Monitron表面上強調的是協助客戶，實際上真正想做的，是在製造業數位轉型當中搶得先機，把製造業的生態圈當作自家平台來主宰，獨攬產業霸權。

亞馬遜不斷地在吸納所有產業，壯大自己。它的影響力終於也擴及到了製造業現場和健康照護產業，如果再加上亞馬遜的執行長由堪稱亞馬遜最強武器——AWS事業的最高主管來擔任，成長的根基更是堅若磐石。看來即使創辦人貝佐斯卸下了執行長的職務，亞馬遜的發展氣勢仍絲毫不受影響。

「數位 × 環保 × 公平」的時代

Digital
×
Green
×
Equity

從「顧客」中心走向「人本」，再到以「人 × 地球環境」為核心

　　在本書的最後一章當中，我想試著提出一個在「數位 × 環保 × 公平」時代下的新世界觀。先講結論：它既不是顧客中心主義，也不是人本主義，而是一種以「人 × 地球環境」為核心的世界觀。

　　我們並不是要揚棄既往的顧客中心主義或人本主義，反倒是要以顧客中心主義和人本主義為前提，來詮釋「人 × 地球環境」這個新的世界觀。

　　如前所述，目前正在進行的數位轉型，是以「顧客中心主義」為命脈。亞馬遜就是一個最典型的例子，而以 GAFA 為首的科技業，也都積極活用數位轉型，並把它當作是實現終極顧客中心主義的方法，因而贏得了絕大多數使用者的支持。

　　然而，隨著 GAFA 的崛起，也有人開始指出「顧客中心主義的弊病」。2021 年 3 月，向來以「反亞馬遜急先鋒」著稱的法律學者麗娜汗（Lina Khan）獲選為美國聯邦交易委員會（Federal Trade Commission，簡稱 FTC）的委員。她曾撰寫了〈亞馬遜的反托拉斯悖論〉（Amazon's Antitrust Paradox）這篇論文，主張現行的《反托拉斯法》（Antitrust Laws，美國的反壟斷法）無法制裁 GAFA。儘管她獲延攬的消息在日本並未吸引到太多媒體報導，但它其實是一則相當重要的新聞——因為這意味著美國當局

很可能收緊對GAFA的管制。

　　我在《亞馬遜2022：貝佐斯征服全球的策略藍圖》（アマゾン
が描く2022年の世界，PHP商業新書，2017年；繁中版由商周出
版）這本共七章的著作當中，用第七章「貝佐斯是真正的顧客至
上主義者？還是利己主義者？」這一整章的篇幅，批評了亞馬遜
的作為。亞馬遜的確用它的「顧客中心主義」，提供了極致的顧
客體驗，但於此同時，亞馬遜也不斷地在摧毀那些沒被當作「顧
客」看待、沒納入亞馬遜基礎設施的產業、企業，一再搶走它們
發展新事業和成長的機會——我和麗娜汗女士有共同的問題意識。

　　況且說穿了，我不認為民間企業還有「不採取顧客中心主
義」這個選項。畢竟不願採取顧客中心主義的企業，根本就爭取
不到顧客的支持，在市場競爭中遲早難逃被淘汰的命運。

　　不過，正如亞馬遜的貝佐斯所言，人類的欲望無窮，而且會
越來越激進，因此為了滿足這些欲望而存在的顧客中心主義，也
將永無止境。即使必須付出龐大的代價，企業仍無法放棄對顧客
中心主義的追求。如果它所帶來的弊病，就是當前的氣候變遷問
題，以及貧富差距等社會問題的話，那麼顧客中心主義堪稱是損
害包括顧客、員工、在地社會等所有利害關係人利益的元凶。

　　而「人本主義」或許就是從上述這樣的反省出發，所被提出
來討論的一個方案。所謂的「人本主義」，就是不僅重視顧客，
還重視員工、協力廠商和在地社會等所有利害關係人的一種思
維。

　　日本政府想透過運用數位工具來實現的「社會5.0」（Society 5.0），其背景因素也是出於這種「人本主義」的思維。

　　「在過去資訊4.0的社會裡，我們看到了知識、資訊未充分共享，跨領域合作不夠密切的問題。人的能力畢竟有其極限，要從龐大的資訊中找出必要的部分並加以分析，其實是很沉重的負擔。而年齡和身心障礙等，也會對工作或行動範圍造成限制。此外，面對少子高齡化、地方空洞化等問題，也在各種限制下，很難做到完善的因應。

　　社會5.0所打造出來的社會，是用物聯網（IoT）把所有人和物品都串聯在一起，共享各式各樣的知識和資訊，創造出前所未有的新價值，藉以克服前述各項課題與難處。此外，透過人工智慧（AI），可在必要時提供必要的資訊，發展出機器人與無人駕駛車等技術，克服少子高齡化、地方空洞化和貧富差距等課題。而藉由社會創新（innovation），可打破既往的沉悶，讓這個社會成為有希望的社會，跨越世界、彼此尊重的社會，以及人人都能自在地發揮所能的社會。」（內閣府）

　　這裡想表達的重點是：人本主義的思維，其實是以顧客中心主義為基礎，更進一步發展出來的概念。連顧客中心主義都還沒有落實的企業，就想一步登天，強調人本主義，未免太過不切實際。

　　民間企業既然要營業，那麼顧客就是企業必須先學會重視的利害關係人。而事業的命脈，就是透過產品或服務的形式，提供

某些價值給顧客——因為企業要從這裡創造出利潤，才能雇用員工、回饋在地社會。我們可以這樣說：即使是在企業要為每一位利害關係人貢獻的人本主義時代，構思產品、服務的起點，仍是顧客中心主義。

擘劃循環經濟的宏觀規劃

　　緊接在人本主義之後興起的，應該會是「人×地球環境」中心主義。前面我曾多次提到，為貫徹顧客中心主義、人本主義等背景因素，而不斷追求方便性的企業經營，已透過「氣候變遷問題」的形式，引發全球環境等級的弊病。

　　從這樣的問題意識出發，我想為各位呈現的，是一種「人與地球環境共創永續未來」的企業目的（圖表9-1）。

　　企業目的（purpose）是企業的存在意義，也是經營事業的目的、任務與使命。我在以往的著作當中，也曾再三指陳：「GAFA和日本企業有個決定性的差異，那就是GAFA會先提出大膽的願景，之後再快速地PDCA。」然而，坊間所謂的願景，大多是指「企業未來的樣貌」，呈現「自己將來想變成什麼模樣」。這樣的願景，或許可以讓企業的獲利極大化，但卻無法回答「為什麼要這樣做」這個最根本的問題。「企業在社會上存在的意義是什麼？」這就是企業目的。

　　要實現這樣的企業目的，光是單獨追求數位、環保或公平的任一項，都是不夠的，必須以「數位×環保×公平」三位一

圖表9-1 「數位 × 環保 × 公平」的時代

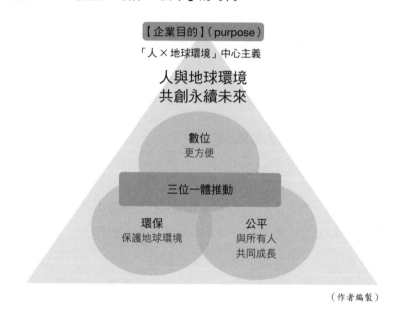

（作者編製）

體，朝實現的方向推進。

　　基本上，「數位」是用來讓我們「更方便」的一種方法。不過，請各位切記：這裡談的數位，並不是花拳繡腿的數位化，而是要推動企業本質的數位化。

　　如果便利商店的本質是「方便」又「美味」，那麼便利商店的數位化，就要設法讓這個本質升級，才能贏得顧客的支持。亞馬遜的「Amazon Go」會受到市場肯定，就是因為它在升級本質的路上沒有走偏。

　　再者，倘若數位化是徹底滿足顧客需求的方法，那麼數位化

就將永無止境。本書中所探討的八家企業——崇尚「顧客中心主
義」的亞馬遜、追求「客戶成功」的賽富時、重視「成長心態」
的微軟、「翻新企業文化」的沃爾瑪、「貫徹執著（顧客體驗）」
的派樂騰、想以「太空等級的浩瀚，物理等級的細膩」來拯救地
球的特斯拉，以及因為「讓數位化深入公司核心」而成為全球最
佳數位銀行的星展銀行，就是最好的例子。它們都可以說是嘗試
從本質推動轉型，並已逐漸獲致成功的企業。

　　不過，由於過度追求便利所造成的弊病，甚至還影響到了環
保和公平。這個教訓，讓企業在推動數位化之際，還需結合環保
與公平，以期發揮綜效。

　　首先在環保方面，我們希望能透過數位化所帶動的節能、減
碳，來加以改善。

　　我在《2025年數位資本主義》這本著作當中，曾提出「日
本的出路，就在『與自然共生』的歷史裡」的論述。日本過去曾
經歷多次天災，所以才建立起了一套能與自然共生的系統；而我
們也很清楚，環保問題能成為激發創新的觸媒。

　　SDGs的各項措施也是推動創新的助力。以往企業的SDGs
多半只是在本業之外，另行推動的「回饋社會活動」。如今，我
們已可看到好幾家企業把SDGs當作本業的一環，從企業的核心
出發，來面對SDGs。如果能像蘋果那樣，從研發、生產、製造
和物流等，提升整個價值鏈對SDGs的意識，就能將本業的發展
和企業對SDGs的貢獻，串聯在同一條線上，甚至還可望將有限

的資源循環再利用，轉型為可促進永續經濟成長的循環經濟。稍後我會再詳述。

「日本要在2050年之前做到碳中和，政府必須在能源政策方面做出相當大的變革，否則將很難達成」，誠如豐田汽車的豐田章男社長所言，這些環保方面的議題，坦白說都不是光靠企業努力就能解決的問題。在此，我也想再次強調，環保問題的當務之急，是要傾國家之力來因應。

還有，在公平方面也需要推動相關措施。我們應該透過數位和環保的力量，朝「人人都能共同成長」的世界邁進。為此，「接納多元與個別特質，並善加運用」便成了一種不可或缺的價值觀，甚至是一種心態。關於這一點，在本章最後還會再詳述。

此外，稍後也還會再提到：這裡的「公平」來自英文的「equity」，原本的意思是「公正」。但在本書提出的「數位×環保×公平」這個新世界觀當中，各位可把「公平」（equity）當作是和「多元、公平與共融」同義。

我個人認為，要實現上述這樣的世界觀，關鍵在於循環經濟（circular economy）。日本的經濟產業省為循環經濟做了這樣的定義：「盡可能長期維護、保持產品和資源的價值，並將廢棄物量減到最低的一種經濟模式，用以取代『大量生產、大量消費、大量丟棄』的線性經濟（linear economy）」、「除了傳統的3R（減量、再利用、資源回收）措施之外，再降低資源投入及消費量，並於有效運用庫存的同時，透過產品服務化等手法，創造出

附加價值的一種經濟活動」。

在世界經濟論壇（WEF）所主辦的「循環經濟圓桌會議」上，日本及荷蘭的與會代表進行了意見交流。日本的環境大臣小泉進次郎表示：「為推動循環經濟的發展，我建議採取的行動是『改良設計』。並不是只要改變能源供應機制就能去碳，而是要讓我們的社會經濟體系更趨向循環經濟，才能達成。」而荷蘭環境部長則介紹了荷蘭為了在2030年之前達到天然資源使用量減半的目標，所推動的相關措施。

圖表9-2是以「人×地球環境」中心主義為基礎，所編製的宏觀規劃。這張圖呈現的，是由原料市場、生產者市場和消費者

圖表9-2　以「人×地球環境」為中心的循環經濟宏觀規劃

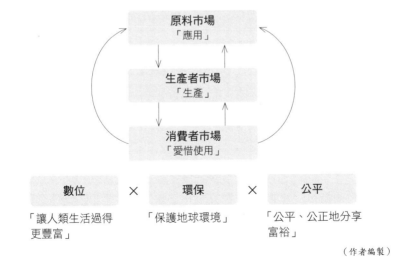

（作者編製）

市場這三者構成的循環樣貌——原料市場「應用」回收而來的原料，生產者市場負責「生產」，至於消費者市場則是「愛惜使用」產品，而不是用過就丟。接著再疊上「讓人類生活過得更豐富」的數位、「保護地球環境」的環保，以及「公平、公正地分享富裕」的公平措施，循環經濟的宏觀規劃就完成了。

「平等」和「公平」、「公正」的差異

乍看之下，各位或許會覺得公平和循環經濟無關。然而，在「數位」和「環保」所打造的世界裡，同樣會有落差和不平等。若不能消除這些落差與不平等，確保「公平、公正地分享富裕」的這份公平性，那麼經濟的循環恐怕就無法長久持續下去。

「equity」意指「公平」、「公正」；另有一個和「equity」意義相近，且廣為使用的單字是「equality」，意指「平等」。兩者其實意義並不同。

說穿了，「一律提供相同資源給每個人」的思維，其實就是平等；而公平則是依每個人的需求提供合適資源，以便給每個人相同、相等的機會。

假設有一位視障者和一位明眼人一起去看外語片，兩人要看懂這部電影所需要的支援當然不會一樣。就算我們提供給這兩人同樣的大銀幕、出色的音響效果和字幕等，兩人仍無法擁有同等欣賞電影的機會。視障者至少還需要副聲道等輔助，才能欣賞電影。此時，一視同仁地提供給兩人的大銀幕、出色的音響效果和

字幕等資源，就是平等（equality）；而特別顧慮視障者需求，以便提供給兩人同樣欣賞電影的機會，則是公平（equity）。

　　換言之，我們可以這樣解讀：公平（equity）是承認結構性不平等的存在，承認在站上起跑點時已不平等，並且願意處理，予以改正、排除。

　　2021年1月20日，拜登正式成為美國第四十六任總統。他在嚴重的種族歧視浮上檯面之際上任，並於就任當天，簽署了一份與消除種族歧視有關的行政命令。在這項行政命令當中，用到了「種族公平」（racial equity）的概念。拜登總統簽署這項行政命令，可說是向外界展現了他堅定的決心——要消除對黑人及亞裔等族群的種族歧視，防止仇恨犯罪，更要消弭結構性的不平等，也就是推動種族之間更本質性的「公平」、「公正」。

從D&I到DEI

　　包括美國企業在內，許多企業都已將「多元共融」（D&I）當作企業價值，運用在任用、組織編制、商品與服務研發，甚至是策略擬訂等，例如像微軟、沃爾瑪、嬌生（Johnson & Johnson）、寶鹼（P&G）等，都已將多元共融列入企業價值。

　　這裡就讓我們再複習一下多元共融的概念。

　　「多元」一詞的英文是「diversity」。所謂的多元，是指每個人在種族、性別、性向、民族、國籍、居住地、社經地位、社會

起源、語言、文化、有無身心障礙、心理或生理能力、健康狀況、個性、年齡或世代、宗教、政治傾向與信條、外貌、價值觀或生活型態等方面，都各有不同。

而「包容」一詞的英文則是「inclusion」。所謂的包容，就是要打造一個保障各類人士都受能到歡迎、尊重、支援、肯定，並能自由參與的環境。

綜上所述，所謂的多元共融，我們可以這樣解讀：各類人士都能在社會或企業組織當中，運用他們與眾不同的特質，發揮各自的能力；而社會或企業組織也在加強多元化的同時，變得更充滿活力，或能創造出新的價值。

舉例來說，企業透過調整員工或董事會結構，積極任用女性、外籍人士或少數族群來導入多元共融文化，就可望達到強化人才獲取能力、提升風險管理能力，以及促進創新等效果，或者可搭配祭出組織改革、整頓人事制度、提高員工能力等措施。實際上，許多企業都開始以多元共融為優勢，進行人力招募或人才部署，或將多元共融的概念融入商品、服務之中，以維持競爭優勢等。顯見多元共融已是企業策略的一部分，並可有效發揮該有的功能。

近來甚至還有些企業在多元共融之外，再加上「公平」，導入「多元、公平與共融」（DEI）的概念。2020年6月，世界經濟論壇發行了《多元、公平與共融4.0：給加速社會進步的領導者面對未來工作的工具套組》（*Diversity, Equity and Inclusion 4.0: A Toolkit for Leaders to Accelerate Social Progress in the Future of*

Work），可見世界經濟論壇也很重視這三項價值觀。

　　我再三強調，「equity」一詞在單獨使用時，意指「公正」、「公平」，而在DEI的脈絡下詮釋「equity」時，重點則是要放在「考量造成落差的根本原因，以確保公平性」。企業要做的，不是齊頭式地給每個人相同的資源，而是要顧慮能否讓每一個人都享受到同樣的機會。如果在站上起跑點時，就已存在著結構性的不平等，之後縱然均等地提供相同的資源，仍無法消除結構性不平等的問題。

　　我們可以試著把DEI套用在企業組織上。前面我曾經提過，DEI是「各類人士都能在企業組織當中，運用他們與眾不同的特質，發揮各自的能力；而企業組織也在加強多元化的同時，變得更充滿活力，或能創造出新的價值」。再加上導入「公平」之後，企業面對處於不利狀態者，就會投入更多的資源，以便平等地提供機會給每一個人。換言之，企業會開始留意要打造更公平的組織，以及更能確保公平的多元包容。

　　本書中提及「數位×環保×公平」時，其中的「公平」（equity）一詞，已超越原本的「公正」意涵，進而泛指整個DEI的概念。

　　會出現採納DEI的企業，想必是因為社會上已能認知「公平」（equity）和「平等」（equality）的差異，而公平和多元、共融合為一體，形成一個概念，且重要性與日俱增的緣故。

說穿了，要讓DEI真正在企業組織中扎根，必須顧慮人事考核、工作條件、異動、調薪、設備運用、業務推動等各種層面，除此之外，企業還要面對「如何衡量結構性不平等的多寡」這種更深入本質的難題。能否克服上述這些問題，將是企業導入DEI概念之際的一大挑戰。

邁向「接納多元與個別特質，並善加運用」的時代

最後，針對「公平」這個概念，我想再強調一點：誠如各位所見，「多元、公平與共融」（DEI）這三者會被放在一起探討，顯見「公平」的前提，是要建立在「接納多元與個別特質，並善加運用」的價值觀之上。而「接納多元與個別特質，並善加運用」的世界，已確實地朝著實現的方向前進。

不過，我們也都明白，前方還有很長的路要走──畢竟我們都還處在「根本還沒察覺社會上的多元特質與價值觀」、「根本沒看見有人正為了不公不義所苦」的階段。

我在《視障者如何看世界》（目の見えない人は世界をどう見ているのか，光文社出版）這本書中，看到了很精闢的說明。作者伊藤亞紗在書中提到，同樣一座「富士山」，明眼人和視障者腦中浮現的想像，就是不一樣。

「對視障者而言，富士山是『上面缺了一小角的圓錐體』。

事實上，富士山的確是上面缺了一小角的圓錐體，但絕大多數的明眼人應該都不會這樣描述。

對明眼人而言，富士山是『下方向外延伸的八字形』。換句話說，他們想像的，是平面的『上方缺角的三角形』，而不是『上方缺角的圓錐體』。」

我個人出身山梨縣，和富士山很有淵源，但她的這個說法，我連想都沒想過。不過，真正讓我感動的，是接下來這段描述：

「明眼人會把三維的物體想成二維，視障者則會直接想成三維。也就是說，前者會做出平面的想像，後者則在空間中揣摩物體形貌。

如此一來，真正能用空間概念來解讀空間的，其實應該只有視障者才對。嚴格說來，視障者其實無法像明眼人那樣，有『二維』的想像。不過，也正因為這樣，他們才能用空間概念來解讀空間。

為什麼我會這樣認為？因為明眼人只要動用「視覺」，就會有所謂的『觀點』。而觀點其實就是『從何處觀看空間或物體？』的概念，也可說是『自己的所在之處』。」

「簡而言之，視障者沒有『視覺死角』；相對地，明眼人只要想動用視力去看，就一定會有看不見的死角。而這些死角，明眼人也只能發揮想像，揣測『那些地方應該是長這樣吧？』以彌補視覺的不足。」

明眼人一定會有視覺死角。就像我以前看到的富士山，都是

從山梨縣看過去的，如果從靜岡縣看過去，應該會有另一番不同的風貌。說得更準確一點，應該是有多少個不同的觀點，富士山就有多少種不同的面貌。然而，我卻從來不曾想像過這件事，長年來都把從個人觀點看到的富士山，視為理所當然，以為所有人看到的富士山，都和我一樣。

「多數派觀點」忽略的事

另外，還有一次機緣，讓我切身感受到所謂的「個人觀點」，其實往往是「多數派觀點」。

那是一堂在立教大學商學院的課程。當天邀請到了亞特力集團（Azalee Group）的來栖宏二理事長和格里斯代爾·貝瑞·約書亞（Grisdale Barry Joshua）先生。亞特力集團提供的是照護服務，在任用人才時，以善用人才的多元與特質著稱，當中也包括了外籍人士，而格里斯代爾就是其中的一員。他患有腦性麻痺，日常生活都仰賴電動輪椅代步，卻能在日本工作，還經營了一個幫助身心障礙外籍旅客探訪日本的觀光資訊網站。

當天在格里斯代爾的演講當中，最讓我感動的，就是「多數派的世界」這個話題。右頁這張照片，就是他當天分享的內容。看在大多數人眼中，這只不過是大學教室裡常見的光景，教室裡擺滿了連結式課桌椅，然而看在部分人士眼中，恐怕會覺得自己「不見容於這個空間」──因為這些連結式課桌椅，顯然都是供「右撇子」使用的。

「多數派的世界」

（資料來源：亞特力集團，格里斯代爾‧貝瑞‧約書亞先生演講資料）

　　這張照片透露了一個訊息：這個社會，是「多數派的世界」。就連區區一張椅子，也都打造成了適合「右撇子」這群多數派使用的樣式。而多數派的右撇子，完全沒有察覺到身為少數派的左撇子，究竟忍受了多少不便。

　　諸如此類的情況，必定也存在於世界上所有的社會問題裡。在接納多元與個別特質，並善加運用的時代，我們需要更多想像力，去反思自己是否生活在多數派的世界，以及是否因此而忽略了一些觀點。

　　有時候，我們可能會面臨到一些個人難以接受的特質，或撼動個人價值觀的局面。

　　美國最具影響力的市場調查公司蓋洛普（Gallup），開發了

一套名叫「優勢識別測驗」（Strengths Finder）的人力資源開發工具。在這當中，「接納多元與個別特質，並善加運用」也是一個相當重要的主題。它將人的優勢天賦分類為三十四項，不過很多時候，人的優勢天賦其實是由「做得到的、擅長的事」、「想做的事」、「自認為本該如此的事」這三大元素所組成。

優勢天賦是「做得到的、擅長的事」，所以會成為我們「想做的事」──這應該還算是容易理解；另一方面，說優勢天賦是「自認為本該如此的事」，這就是我們平常不太會注意到的了。

我們就以「社交」天賦排序較前的人為例，來思考一下這件事。極具社交天賦的人，出席宴會時總能馬上與人打成一片，說不定還能交換到很多名片。這是因為他們喜歡這樣做，也擅於如此，更懷抱著「本該如此」的價值觀所致。

在應用心理學的「憤怒管理」（anger management）領域當中，已解開了憤怒發生的機制，是「當自己的價值觀遭到背叛時，人就會動怒，只是程度高低不同罷了」。人的優勢天賦，其實就是當事人自己的價值觀，它還會對個人的想法思維、情緒感受造成影響──這是一個很重要的發現。

具社交天賦的人，同時也是懷抱「人本來就該長袖善舞」這種價值觀的人，因此當他們看到不擅社交的人時，可能會萌生一些負面的情緒，不過這些充其量只不過是具備社交天賦者的價值觀。「社交」天賦排序不那麼前面的人，對於「在宴會上與人打成一片」既不喜歡也不擅長，更不覺得「本該如此」。

相較於多民族共存的歐美社會，日本人或許比較沒有機會察

覺到這種「價值觀的差異」。然而，像這樣體認「自己心目中認為本該如此的事，對別人而言可不是那回事」，不正是跨入「接納多元並善加運用」時代的入口嗎？

讓我開始意識到「公平」這個價值觀的生命經驗，是出國留學時。當年我在三菱銀行（The Mitsubishi Bank）服務時，曾赴芝加哥大學商學院留學兩年。在此之前，我完全沒有面對歧視心態的機會。出國留學前，我負責海外專案融資（project financing）方面的業務，赴美出差可說是家常便飯。在當地我可以下榻在一定等級以上的飯店，出入有規模的餐廳，都由公司付帳，而工作上接觸到的也都是日本人，所以從不曾流露出歧視的態度。

然而，在芝加哥留學的那兩年，歧視竟成了我生活中非常切身相關的事。其實芝加哥大學的所在地——海德公園（Hyde Park）一帶，不論當年或現在，都是知名的黑人居住區域。當地治安很差，商家要用鐵柵欄來自保。而商學院在正式上課前的新生訓練期間，也讓我們看了探討種族歧視的影片。白人一走進汽車經銷商銷售處，業務員立刻就迎上前來服務；但一看到黑人，就裝作什麼都沒看見……而亞洲人也受到了同樣粗暴無禮的對待。

在本書的最終章，我會選擇再次強調「公平、公正」（equity）這個價值觀，一方面也是因為對多數日本人而言，往往無緣碰觸

到這個議題。如果只在日本過著一般的正常生活，說不定根本沒有機會直接面對種族歧視。然而實情是：在先進國家當中，日本有著最嚴重的性別落差，收入差距也很懸殊。諸如此類的公平問題，其實早就攤在你我眼前。

我們是否活在「多數派的世界」？其他人看到的是什麼樣的世界？他們是抱著什麼樣的價值觀在觀照這個世界？就像伊藤亞紗在著作中所說的，每個人都會有看事情的死角，但我願意相信，也正因為我們是人類，所以懂得運用想像力和經驗來彌補這些觀點的死角。

熱血數位轉型教室

「為日本企業擬訂
大膽數位轉型策略」工作坊

Workshop

- 指引數位轉型之道的「貝佐斯思維」
- 數位轉型所需要的「五種SINKA」
- 用來傾聽顧客心聲的「兩張工作表」
- 擬訂大膽數位轉型策略時的「十二項重點」

日本企業佼佼者的幹部紛紛前來參與

　　我曾以「擬訂大膽數位轉型策略工作坊」為題，在「數位轉型學院」（主辦單位：數位控股股份有限公司）舉辦過一場工作坊，全程共分八次進行，每次三小時。而這裡要為各位介紹的，就是我在第一堂課所講述的概要，和以整個工作坊為基礎所發展出來的相關內容。儘管是在紙本上描述，但我在本書中分享這些內容的目的，是希望各位讀者能領略實體工作坊的精華，進而為各位任職的企業，構思一套大膽的數位轉型策略。

　　「擬訂大膽數位轉型策略工作坊」的學員，主要是來自日本各產業佼佼者的高層和數位長候選人等主管。截至2021年4月，工作坊活動已經舉辦過四期，總計共有逾四十五家企業參與，學員來自各行各業，包括大型便利商店品牌、大型超市、大型修繕五金賣場、大型零售通路、大型金融機構、大型人力派遣公司等。學員能從彼此身上學習到不同行業的案例，也是這個工作坊的一大特色。

　　而整場工作坊最重要的，就是在最後一次課程時，每位學員都要針對自己服務的企業，發表「大膽的數位轉型策略」，也堅持請學員實際在公司裡執行。實際上，很多學員在工作坊結束後，都成功開始執行自己擬訂的策略，而我也和主辦單位的成員一起加入了這些數位轉型專案。

　　在八次的工作坊活動當中，參與課程的企業必須要建立一套策略，當中包括企業與每位顧客在數位工具上的連

結（connect），並藉由人與數位工具的力量來深化這些連結（engage），還要運用數位工具，提高企業給顧客的經驗價值，以便最終能達到提升企業績效（growth）的結果。

　　在進入課程內容之前，我想先說明我把課程主題訂為「大膽……」的用意。

　　因為要敢於提出「大膽願景」，才像是GAFA等科技業先行者在商場上的作風。所謂的「大膽願景」，就是企業想透過事業活動成就什麼樣的社會、解決哪些社會課題、提供給顧客什麼樣的價值等。

　　在擬訂出大膽的願景之後，並不是要像一般的日本企業那樣，開始研擬縝密的計畫，而是要以「精實創業」（lean startup）為取向，也就是要以小規模、迅速地執行計畫，快速地PDCA，帶動事業成長茁壯。

　　而提出「大膽願景」，也是我們在擬訂數位轉型策略時不可或缺的元素。不過，「提出大膽願景」說起來容易，做起來就沒那麼簡單了。我們總會在有意、無意之間，因為公司的一些制約條件而畫地自限，例如「公司規模太小」、「經營層峰不夠開明」等心理障礙作祟，以致於擬訂出一個縮手縮腳的願景。

　　因此，在第一次課程當中，我總會建議學員先想想以下這件事：

　　「如果你現在服務的這家企業，老闆就是亞馬遜的貝佐斯，

你會擬訂什麼樣的數位轉型策略？」

　　我知道這個問題非常荒謬，不過這是為了破除各位的心理障礙，所設計的一道機關。各位要讓自己徹底化身為貝佐斯，大膽地重新審視自家企業。

　　要徹底化身為貝佐斯，就必須完完全全以亞馬遜的事業，和貝佐斯的哲學、思維、堅持為標竿，因此就讓我們從複習「貝佐斯思維」的要點開始，來揭開本章的序幕。

指引數位轉型之道的「貝佐斯思維」

　　多年來，我自己其實就是以貝佐斯言行作為標竿的一分子。而此舉所帶來的成果，部分內容已集結在《亞馬遜2022：貝佐斯征服全球的策略藍圖》、《亞馬遜銀行誕生的那一天》（アマゾン銀行が誕生する日，日經BP出版，2019年）等出版的書籍裡。而這些著作也成了一段機緣，讓我有幸受邀在亞馬遜主辦的大型會議上進行專題演講，還獲得與亞馬遜幹部在媒體上對談的機會。因此，現在我可以半開玩笑但很驕傲地說：我已經從「自稱貝佐斯觀察家」，晉升為「亞馬遜公認的貝佐斯觀察家」。

　　貝佐斯究竟是什麼樣的一號人物呢？若想了解這一點，不妨先讓我們聚焦在他的哲學、思維和堅持上。我個人認為，貝佐斯的堅持，可匯整成以下三點：

①堅守「地表最崇尚顧客中心主義的企業」這個使命，並堅持把與它一體兩面的「顧客體驗」做到最好。
②堅持以低價供應最豐富的品項，並堅持迅速配送。
③對大膽願景 × 迅速 PDCA 的堅持。

貝佐斯思維① 堅守「地表最崇尚顧客中心主義的企業」這個使命，並堅持把與它一體兩面的「顧客體驗」做到最好

　　要解讀貝佐斯的第一個堅持，關鍵詞就在於「大宇宙（macrocosm）×小宇宙（microcosm）」。

　　所謂的大宇宙，呈現的是貝佐斯自亞馬遜創業以來，所揭櫫的遠大願景「地表最崇尚顧客中心主義的企業」；而小宇宙所呈現的，則是要實現極致個人化的顧客體驗。

　　貝佐斯用「傾聽」、「發明」和「個人化」這三個動詞，來定義顧客中心主義，也就是要傾聽顧客的聲音，進而打造出能實現這些心聲的服務。此外，他還把個人化定義為「把顧客放在他的宇宙中心」。他在讓亞馬遜朝「地表最崇尚顧客中心主義的企業」邁進之際，並不崇尚千篇一律的服務，而是要給每一位顧客至高無上的尊重，提供完全個人化的服務。

　　包括大數據×AI在內的各項科技，也都被用來實現「大宇宙×小宇宙」。亞馬遜一直都沒有忘記要「以顧客為出發點」來思考。

　　要怎麼做才能與顧客建立長期的關係？該如何揪出顧客的潛在需求，進而製成產品？該如何持續為顧客提供價值，並增加公司營收？企業要經常拋出這些問題，並設計出顧客想要的服務、顧客旅程和顧客體驗。

　　而日本的大企業，正好與這樣的「顧客中心主義＝把顧客放

圖表10-1　亞馬遜不斷進化的事業結構

| | 大宇宙 | **✕** | 小宇宙 |
| | 「地表最崇尚顧客中心主義的企業」 | | 「把顧客放在宇宙的中心」 |

	成衣、時尚		生鮮食品
商品、服務、內容	「技術」數位上架	書籍、雜貨、家電、其他娛樂	Prime 影音
	Prime 會員服務		

AI	平台	電商網站	Kindle	Amazon Echo	宇宙
	生態圈	Amazon Alexa		Amazon Go	
自動化	金融	信用卡	Amazon Lending	Amazon Pay	機器人
	物流	**FBA**			
	雲端運算	**AWS**			

亞馬遜「顧客中心主義」的意義

（作者編製）

在宇宙中心的經營模式」呈現鮮明的對比。他們崇尚的是產品中心主義或企業中心主義，不僅無意設計最適合顧客的理想顧客旅程，還會強迫顧客接受以企業利害為優先考量的交易旅程，一切都「以產品為出發點」來思考，建立能讓產品以極高效率流通的銷售通路，對於購買公司產品的顧客，卻絲毫不肯傾聽他們的心聲。換句話說，就是把自家企業的產品放在金字塔頂端，而將顧客置於下層。

圖表10-2 「把顧客放在宇宙的中心」

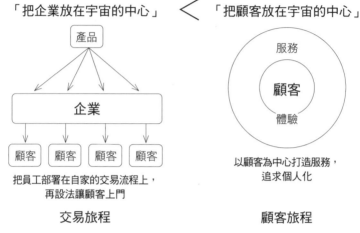

「把企業放在宇宙的中心」 ＜ 「把顧客放在宇宙的中心」

把員工部署在自家的交易流程上，
再設法讓顧客上門

交易旅程

以顧客為中心打造服務，
追求個人化

顧客旅程

（作者編製）

　　這兩者之間的差異，可說是昭然若揭。美國、中國那些成長顯著的科技公司，和迄今仍走不出「失落的二十年」、無力重生的日本企業之間，我認為差異應該就是因此而起。即使是推動數位轉型，美國、中國企業終究還是以優化顧客體驗為目的；至於日本企業的數位轉型，仍僅止於為「提高企業生產力」而做，對顧客毫無益處，非常可惜。

　　其實在日本的銀行業，就能看到著重「交易旅程」的典型案例。請各位回想一下，以往到銀行的實體分行辦事時，曾有過什麼樣的體驗？實體分行的交易流程都訂定得相當嚴謹，完全沒有考慮顧客的情況；而銀行則是根據這一套配合銀行需求所設計的交易流程來配置人力，再設法讓顧客上門。這種做法，長年來都

被日本的金融機構視為「理所當然」。

不過，現在正是日本企業跳脫這種「理所當然」，學會真正「顧客中心主義」的時候。不追求真正的顧客中心主義，也無法擘劃出大膽的數位轉型策略。

在「Amazon Go」當中看到的顧客體驗

我想就「顧客體驗」再做一些補充。近年來，在數位行銷的世界裡，顧客體驗可算是最上位概念之一。

亞馬遜自創立以來，就把追求優質顧客體驗放在商業模式當中的核心位置。舉例來說，在電商網站上，亞馬遜會將造訪網站的使用者動向視覺化，並加以分析，用來快速地進行改善設計或商品配置的PDCA，藉以持續提升，讓使用者覺得「好開心」、「好貼心」、「我喜歡」和「簡單好懂」等。

在實體世界當中，顧客體驗在行銷領域的重要性也持續看漲。戴姆勒（Daimler）在2018年的CES大會上，發表了一款創新的車用系統「賓士用戶體驗」（Mercedes-Benz User Experience，簡稱MBUX）。它搭載了類似亞馬遜「Alexa」的語音辨識AI助理，打造出「會回話的車」。此舉意味著不只科技公司重視顧客體驗，就連傳統汽車製造商戴姆勒，也開始強調重視顧客體驗的態度。

其實顧客體驗並沒有明確的定義，不過從貝佐斯以往的發言當中，倒是可以推測出「貝佐斯心目中的顧客體驗」。

對貝佐斯而言，顧客體驗究竟是什麼呢？

第一，滿足顧客的人類本能和欲望。

第二，解決因科技進步而日趨嚴重的問題與壓力。

第三，「察覺」的科技。

第四，讓顧客忘了自己「正在○○」。

接著就讓我們逐項來看看這些內容。

對貝佐斯而言，所謂的顧客體驗，首先是企業要能洞察並滿足那些人類理所當然的本能和欲望。關於這一點，想必各位從平常使用的亞馬遜電商網站上，看到亞馬遜不斷追求「更容易找到網站」、「（版面）簡潔」、「內容簡單易懂」、「（想要的商品）一搜就有」、「方便挑選」、「收件輕鬆」、「方便好用」和「容易回頭續用」等，應該不難想像才對。

其實很多企業都強調自己「重視顧客體驗」，而亞馬遜最一枝獨秀的地方，就是他們敢走在最前面。貝佐斯對優化顧客體驗的追求，永無止境。

同樣的態度，也反映在第二項「解決因科技進步而日趨嚴重的問題與壓力」上。

隨著科技的進步，各項服務的便利性與日俱增。然而諷刺的是，生活越方便，顧客因為欲望沒有獲得滿足而感受到的壓力，卻也逐漸上升。各位有沒有想到哪些事是「在以前很理所當然，現在卻讓人備感壓力」的呢？例如便利商店裡那些排隊結帳的人龍，以往就算有人為了從錢包裡掏出零錢而手腳慢一點，其他人

也都能泰然處之，覺得「等待是應該的」。然而，在非現金支付普及的今天，排在隊伍後段的人應該會覺得很有壓力。

在這樣的時代裡，顧客對於顧客體驗的要求也越來越高。理論上，應該說是「消費者永遠不滿足」吧？可是貝佐斯卻打算徹底滿足這些任性顧客的期待，例如可讓使用者購物結帳的壓力降到最低，如今大家也都習以為常的「一鍵下單」（one click ordering），還有當日配送等，都是這樣蘊釀出來的服務。

現在，亞馬遜連第三項「察覺的科技」都已到手，精準度極高的推薦商品功能，就是其中的一個例子。亞馬遜利用「IoT×大數據×AI」，成功做到即時提供符合顧客喜好的商品推薦。

目前亞馬遜顧客體驗的終點，應該是第四項「讓顧客忘了自己正在○○」的服務。最鮮明地呈現這項顧客體驗的服務，就是無人便利商店「Amazon Go」。顧客先在入場閘口掃描一下手機，用亞馬遜帳號完成認證，再進入店內後，就只要從貨架上拿起商品，直接離場，即完成購物。這一套被亞馬遜稱為拿了就走的「Just Walk Out」機制，已可讓顧客忘了自己正在購物、結帳。

讓顧客「忘了自己正在○○」的服務——如果換成是你的公司，會在○○當中填入什麼字呢？換成是貝佐斯，他又會填上什麼字呢？

貝佐斯思維② 堅持以低價供應最豐富的品項，並堅持迅速配送

「低價×豐富品項×迅速配送」也是貝佐斯經常掛在嘴上的一項堅持。

如前所述，顧客對顧客體驗的要求一年比一年高，但其實還是有些不變的部分。每當有人問到「亞馬遜十年後的樣貌」時，貝佐斯總會說「我不知道」，然後再補上這一段答覆：

「不論是過去、現在或十年後，消費者對低價、豐富品項和迅速配送的需求，應該都不會改變。」

說穿了，就算我們真的找到「顧客不論是過去、現在或十年後，都不變的需求」，顧客要求的水準還是會年年墊高，其中最典型的，應該就是對「迅速配送」不斷攀升的要求了吧。二十年前，根本不會有使用者要求電商業者當日配送，甚至連認為「有可能當日配送」的人都沒有，然而如今當日配送已是理所當然，若碰上要等兩、三天時間的配送，使用者還會覺得「真慢」。

貝佐斯早已預期到這樣的光景——他甫一創業，即不顧股東炮轟，執意興建物流倉庫，就是最好的證明。因為他從一開始就料想到，電商業者將來要較量的，是物流配送方面的能耐。

我預測今後貝佐斯追求的迅速，會達到「AI主動預測顧客需要的商品，並直送到府，不必人工下單」的境界。

當然，我們要特別留意的是：前面這些論述，都是「亞馬遜的貝佐斯」所提出的見解，而社會上畢竟還是有很多不追求低價

或速度的事業。

不過，各行各業應該都還是會有「顧客不論是過去、現在或十年後，都不變的需求」，而對這項需求的堅持，就是貝佐斯思維的要義之一。

根據我的觀察，我認為大多數企業都逃不過顧客要求「快速」的趨勢。會這樣說是因為現在多數消費者都已經習慣亞馬遜的節奏，也就是所謂的「亞馬遜速度」。消費者只要成為亞馬遜的Prime會員，就可在下單隔天收到訂購的商品，不必另行指定。民眾對這樣的速度已習以為常，而這對所有企業來說，都是一大威脅——因為許多消費者會期待其他企業也拿出「亞馬遜速度」。

貝佐斯思維③　對大膽願景 × 迅速 PDCA 的堅持

貝佐斯思維的第三項，是對大膽願景和迅速PDCA的堅持。其實不僅亞馬遜，美、中科技巨擘也有這樣的共通點。

貝佐斯不僅祭出「地表最崇尚顧客中心主義的企業」這個太空規模的願景，同時又用反推的方式，找出「當下」該做什麼，並迅速地執行PDCA。亞馬遜沒有擬訂像日本企業那麼鉅細靡遺的計畫，讓自己綁手綁腳、動彈不得，反而是選擇採取「精實創業」的方式，也就是「從小規模開始做起」。

如果各位服務的企業也打算選用這一套手法，那麼各位就必須從「提出大膽的願景」開始做起，思考「要透過這項事業，來和

什麼樣的社會課題抗衡？」「要提供給顧客什麼樣的價值？」等。

　　或許各位會覺得有些意外，但「從小規模開始做起」才能帶來爆炸性的成長——美國、中國的科技巨擘，已一再地證明了這一點。

　　當前科技公司的成長步伐，被形容為「指數成長」（exponential growth）。它的相反詞是「線性成長」（linear growth），意指每隔一段時間就會依一、二、三、四的順序遞增；而指數成長則是以一、二、四、八的方式翻倍成長。提出這個說法的，是奇點大學（Singularity University）的彼得・戴曼迪斯（Peter Diamandis）。他認為獲得指數成長的途徑，就是「大膽地想像，但從小規模開始做起，再以極快速度PDCA，以便修正方向」。

　　指數成長要靠數位化來啟動。一開始，成長幅度總是小到幾乎看不見，即使從0.1變成了0.2，0.2爬升到0.4，也只不過是微乎其微的變化罷了。因此，企業在推動數位化之後，會有一段潛行期（deceptive），不過到了某個時間點，就會開始爆炸性地成長。戴曼迪斯在他的書中曾這樣說過：

　　「假如我從聖塔莫尼卡的自家客廳出發，線性式地走三十步（假設每一步可前進一公尺），那麼我就可以走到三十公尺外的地方，大概是相當於走過我家前面那條馬路的距離。如果我從同一個地點出發，指數式地前進三十次，那麼我就能走到十億公尺遠的地方，相當於繞地球二十六圈。」〔《大膽：如何變得更強大，並創造財富與影響世界》（*Bold: How to Go Big, Create Wealth and Impact the World*）；日文版由日經BP出版〕

亞馬遜的成長也是如此。Kindle版電子書只花了三、四年的時間，營收就超越了紙本書。

如果亞馬遜推動書店的數位轉型

再介紹一個很能體現貝佐斯思維的服務，那就是亞馬遜所開設的實體書店「亞馬遜書店」（Amazon Books）。會選擇介紹這個案例，是因為我希望各位想像一下：假如你是企業組織裡的主管，你認為亞馬遜書店的誕生，是出於什麼樣的問題意識和使命感？

在前往亞馬遜書店考察時，我的觀察重點是：亞馬遜在電商領域當中，應該已經是「全球品項最豐富、營收最高的書店龍頭」，為什麼還要經營實體書店？就結論而言，亞馬遜在亞馬遜書店裡，成功地實現了科特勒（Philip Kotler）在《行銷4.0：新虛實融合時代贏得顧客的全思維》（*Marketing 4.0: Moving from Traditional to Digital*；繁中版由天下雜誌出版）當中所說的「線上與線下經驗的無縫整合」。

這個概念，表現在亞馬遜書店的書籍陳列方式上。對於品項多得離譜的亞馬遜而言，能陳列在實體書店裡的書，只是其中的一小部分，況且亞馬遜書店的門市也不寬敞，所以在品項上只能做選品店（select shop）式的安排。

對此，亞馬遜會如何出招呢？他們選擇將所有書籍的封面朝外陳列，讓顧客一眼就看得到。封面朝外陳列對顧客有利，因為要瀏覽、挑選和購買都很方便，然而一般書店受到門市面積和店

頭庫存的限制，即使想讓每本書的封面都朝外陳列，卻還是「心有餘而力不足」。

　　儘管如此，亞馬遜書店仍能將書籍封面朝外陳列，是因為他們請出了亞馬遜最強大的武器「大數據×AI」。亞馬遜用「大數據×AI」分析書店所在地有哪些書籍暢銷，以掌握「在空間有限的門市裡，讓哪些書的封面朝外陳列，才能暢銷」。反之，沒被分析結果列入暢銷選項者，也可據此判斷不必預留庫存。

　　這些「大數據×AI」還可運用在各種書籍排行榜上，例如根據銷量列出「本月暢銷排行榜」的做法，在一般實體書店裡已非罕見，可是在亞馬遜書店裡，還可以看到「全西雅圖最暢銷的書」、「在亞馬遜有逾萬筆評價的書」、「在Kindle上有畫底線的書」……等等，各種排行榜一應俱全。這些就是亞馬遜獨擅勝場的看家本領了。萬一顧客在店頭找不到想要的書，就只要拿起手機下單即可——這一點已毋須贅述。

　　日本的書店就算想如法炮製，恐怕也做不來。畢竟沒有大數據×AI，我實在不知道封面朝外陳列究竟好不好；況且萬一顧客要的書沒有庫存，顧客當下就會選擇投靠亞馬遜了吧。

　　書店以外的其他企業也絕非高枕無憂，在赴亞馬遜書店考察過後，我最感到威脅的，不是它作為書店的競爭力，而是亞馬遜可以挾著「大數據×AI」這項武器，在所有實體通路複製亞馬遜書店的模式。我不禁興起了一個想法：亞馬遜書店恐怕只是未來亞馬遜跨足各行各業展店、開設實體門市的序幕。

數位轉型所需要的「五種SINKA」

　　前面我摘要說明了亞馬遜的事業發展與貝佐斯的經營哲學。接下來，我要更具體、更深入地探討數位轉型策略。

　　首先我想告訴各位一個大方向，那就是企業在數位轉型之際，人和組織都需要「五種SINKA」。「SINKA」在日文當中是指「進化」，也是「真本事」。一場疫情，把所有人和企業組織的真本事都攤在陽光下，也逼著大家進化。這句話套在數位轉型上也很適用。

（1）「本質」的SINKA

　　首先我想強調的是：所謂的數位轉型，其實就是在追求「本質」的進化。讓事業和企業做到本質上的進化，才是真正的數位轉型，而不是那些花拳繡腿的數位化。美國、中國的科技巨擘能有傑出的成就，首要因素也是這一點。

　　這裡所謂的「本質」或許有些難懂，我們可以換個說法，說它是「在定位圖右上方的項目」。定位圖（positioning map）是由縱軸與橫軸所組成的架構，以便利商店為例，它的事業本質，或許就可以用「方便」和「美味」這兩條軸線來呈現。

　　定位圖也能幫助我們思考自家企業有哪些本質該做數位轉型。此時的重點，在於要想像「顧客腦中看到的企業樣貌」來擬

訂兩條軸線，而不是用企業自己的邏輯。關於定位圖的詳細說明，請參閱我和行銷專家牛窪惠小姐共同撰寫的《為什麼女人愛用Mercari，男人喜歡雅虎拍賣？》（なぜ女はメルカリに、男はヤフオクに惹かれるのか，光文社出版）一書。

　　前面我將便利商店的本質定義為「方便」、「美味」，而我更要肯定「Amazon Go」，它其實就是將這兩項本質再升級後的產物。

　　就「方便」而言，我想只要拿出前面介紹過的「只要從貨架上拿起商品，直接離場，即完成購物」這一點，應該就足以說明一切。不過，在「美味」這一點上，亞馬遜究竟做了什麼升級，一般人恐怕還不是很清楚。這個升級，其實是我在前往Amazon Go考察之後，最感詫異的一件事。

　　首先，Amazon Go非但不是無人商店，而且還是一家超級有人商店。我從路旁觀察過它位在西雅圖的第一家門市，看得到店裡有個隔著一整片玻璃的開放式廚房，裡面有好幾位員工忙著製作沙拉和三明治。

　　看了這一幕之後，我很直覺地認為：Amazon Go確實是亞馬遜各項傲人新科技的結晶，然而它其實也是在呈現「不論數位化再怎麼發展，到頭來終究還是會回到人身上的工作（人該做的工作）」的一家門市。

　　科技發展到今天，想必「機器人做的三明治」也可以很美味，可是比起那些在看不見的地方，用機器人力組裝出來的食

圖表10-3　Amazon Go 的定位

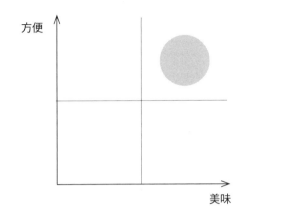

（作者編製）

物，人類更想要的，應該還是有人在自己看得到的地方親手所製
作的三明治。這樣的三明治，才會讓人覺得好吃吧？Amazon Go
的存在，正好揭露了這一點。

從「阿里巴巴銀泰」看百貨公司的進化

　　中國科技巨擘阿里巴巴收購的老字號百貨公司「銀泰商業集
團」（以下簡稱銀泰），也是數位轉型的極佳案例。2019年時，
我曾赴阿里巴巴的大本營——杭州考察這家百貨公司的門市，發
現阿里巴巴其實是在為百貨公司升級，我給它很正面的肯定。

　　消費者向百貨公司謀求的本質是什麼呢？如果要我來畫一張
定位圖，我會說是「自己想買的物品品項很豐富」、「需要時能
獲得滿意的顧客支援」。反過來說，這也意味著百貨業界現在會
如此低迷不振，是因為這些本質已受到破壞。

　　那麼，阿里巴巴究竟是怎麼讓百貨公司升級的呢？首先，他們用「新製造」（new manufacturing）這個方法，來為「自己想買的物品品項很豐富」升級。

　　所謂的新製造，就是運用龐大的大數據和AI，掌握各種成衣品牌的顧客喜歡什麼樣的款式、剪裁和設計如何，甚至是鈕扣的位置、顏色等，進而從研發到生產、銷售，提供一條龍的支援。那麼此舉的成效如何呢？阿里巴巴收購前，銀泰百貨以定價售出的服裝，僅占整體的四成；目前則有八成都是以定價售出。可見有了大數據×AI之後，銀泰百貨成功地提供了「顧客想要的豐富品項」。

　　而在「需要時能獲得滿意的顧客支援」方面，同樣是成功地運用科技，為銀泰百貨進行升級。舉例來說，阿里巴巴在銀泰的化妝品賣場上，設置了「AR試妝鏡」，這是一套可以運用擴增實境（AR）科技進行「試妝」的裝置。此外，當專櫃上沒有其他顧客在場時，也會進行直播電商（live commerce）——由櫃哥櫃姐化身網紅，用自己的手機直播，銷售自家專櫃商品。

　　再者，阿里巴巴也針對百貨公司的BtoB事業，做了一番升級。在日本的百貨公司裡，消費者不是特定專櫃的顧客，而是百貨公司的顧客。因此，招攬顧客到專櫃消費和協助銷售，都是百貨公司的責任，而成衣品牌業者也期盼百貨公司能扛起這個角色。可是百貨公司的聚客功能卻越來越弱，尤其在疫情爆發後，外國旅客的消費需求瞬間歸零，百貨公司和成衣品牌都陷入了困境。

　　對此，阿里巴巴選擇透過數位轉型，讓這些聚客和協助銷售的業務再進化。他們運用「新製造」的手法，讓百貨公司和成衣品牌聯手創造業績，並在線上和線下協助招攬顧客。

　　在協助銷售方面，機器人可說是大顯身手。銀泰可接受的付款方式是支付寶，消費者只要使用指定的應用程式，也可在電商平台上買到各專櫃的商品。就算人已在百貨門市享受購物樂趣，萬一臨時覺得不想提大包小包的購物袋，都能改用app選購，請物流系統配送到府。當這張訂單一成立，機器人就會現身——因為銀泰百貨和電商平台連線，專櫃上的產品同時也會在網路上銷售，而在接單後負責到專櫃上揀貨、送到百貨後場處理，就是這些機器人的工作。

　　在銀泰，從門市的樣貌到人該做的事——換言之就是整個百貨公司的本質，都被重新審視。我也很詫異他們能把數位化做到

圖表10-4　阿里巴巴銀泰的定位

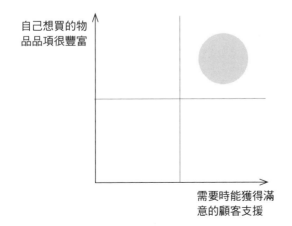

自己想買的物
品品項很豐富

需要時能獲得滿
意的顧客支援

（作者編製）

這種程度，內心興起了一股這樣的感觸：這些比全球最大規模科技展「CES」會場更先進的科技，在阿里巴巴的大本營裡，竟已發展到了實務應用的地步。

（2）「CX」的SINKA

數位轉型的第二個重點，就是顧客體驗的進化。

如前所述，顧客體驗的精益求精將永無止境。而其中最新的案例，就是讓顧客「忘了自己正在〇〇」的各項服務，例如Amazon Go已實現了一種迅速而舒適的購物體驗，讓顧客幾乎「忘了自己正在購物」、「忘了自己正在結帳」。

從這些顧客體驗的進化當中，我們可以看出一個追求「更自然」的趨勢——更無縫接軌、更沒有衝突摩擦、更讓人「忘了自己正在〇〇」。各位在為公司擬訂數位轉型策略時，要把這種追求「更自然」的趨勢放在心上。

如此一來，我們不難想像未來顧客體驗進化的方向，例如「使用裝置」這個「處理程序」，終將從世界上消失。2020年CES的關鍵詞「環境運算」，就可說是一個很有希望的機會（請參閱第五章）。

「環境運算」是利用5G、MR等技術，做到在無裝置的情況下，提供運算服務的一種技術。即使不經過裝置上的處理程序，也能享受到順暢且自然的服務——這就是現階段最極致的顧客中心服務。儘管目前尚未成真，但想必GAFA要追求的，就是這樣的境界，實現應該也只是時間早晚的問題。

（3）「資料分析」的SINKA

　　大數據×AI的問世，讓更多人認識了資料分析的可用性，然而我認為這時候更該重新問清楚：「為什麼」我們要用大數據×AI？

　　亞馬遜會運用大數據×AI，最大的目的是為了優化顧客體驗。就結論而言，營收成長固然不容忽視，但亞馬遜更把重點放在為顧客著想、優化顧客體驗的面向上。

　　此外，在行銷策略方面，也因為資料分析的出現而起了變化。舉例來說，以往在預測消費行為時，使用的是顧客的行為模式、心理模式和屬性方面的資料。其中，屬性資料因為「容易取得」，所以備受重視——說得更具體一點，其實就是指性別、年齡、學歷、職業、家庭成員和所得水準等方面的資料。而想了解消費者的行為模式和心理模式，就要特地做問卷蒐集資料，因此在行銷上很難靈活運用。

　　不過，如果要以行銷上的可用性為優先考量的話，行為模式和心理模式比起屬性資料，會是更好的選擇。例如「二十多歲女性」的屬性資料當中，會有二十一歲的學生，也有忙著照顧小孩的二十九歲家庭主婦，兩者的生活型態和價值觀應該會截然不同。把她們都納入「二十多歲女性」這個族群，未免太過草率。

　　相對地，行為模式是指商品或服務的使用頻率或購買狀況，以及尋求的利益等；心理模式則是指消費者的生活型態、價值觀、個性、興趣嗜好、購買動機等。分析這些項目，可以更細膩

地了解「消費者在什麼樣的行為模式下選購自家商品或服務」、「在何種心理狀態下選購」等，並運用在行銷上。

大數據問世之後，人們已可取得行為模式和心理模式的資料，亞馬遜就是一個最典型的例子。亞馬遜從電商網站上的存取次數、消費紀錄、行為紀錄等，到Kindle、Amazon Alexa、Amazon Go等，把所有通路、平台都變成大數據的蒐集設備，不斷累積數據資料。若把這些資料拿去用AI分析，就能比以前更精確地掌握「每一位使用者」的行為模式與心理模式，進而優化服務。

如果還想精益求精的話，那麼只掌握到「每一位使用者」是不夠的。亞馬遜前首席科學家（chief scientist）安卓亞斯‧韋斯岸（Andreas Weigend）在《給人們的資料：如何讓我們的後隱私經濟為你工作》（*Data for the People: How to Make Our Post-Privacy Economy Work for You*；日文版由文藝春秋出版）一書當中，提到「亞馬遜是以『0.1人』的規模在做市場區隔」。這句話意味著亞馬遜所做的，是時時刻刻都在即時掌握每一位使用者需求變化的市場區隔。而有了大數據×AI之後，要操作到細分「某年某月某時某分的你」的行銷，已不是不可能。各位應以此為前提，積極評估今後的資料運用方式。

（4）「連結」的SINKA

數位轉型可讓一切都彼此「連結」，例如人與車連結（智慧汽車），人與住宅連結（智慧家庭）、人與辦公室連結（智慧辦

公室）、人與城市連結（智慧城市）……等等。

　　在中國，智慧城市的存在，已是民眾生活周遭的一部分，街頭到處都可以看到各種熱點地圖（heatmaps）。舉例來說，餐點外送員的熱點地圖上，會用不同顏色呈現目前外送員還有幾張單要送；還會運用大數據×AI分析交通狀況，並透過智慧型手機通知外送員「現在手上這五張單，走這條路線配送最有效率」等。

　　說穿了，要日本企業參考中國智慧城市的案例，恐怕格局太大。我希望日本企業先在「企業與顧客的連結」方面，投注更多心力。過去，日本企業根本不知道自家顧客是圓是扁，卻對此完全不以為意。

　　科技公司很早就意識到這一點，故在「從手機出發的顧客連結」方面著力尤深。市面上的各種行動支付應用程式，就是很好的例子，像PayPay[1]和Line Pay，都不是單純的行動支付服務。用這個支付服務作為顧客接觸點，將使用者引導到自家企業提供的金融服務、電子商務、零售或其他服務上，才是關鍵。換言之，行動支付應用程式是通往「超級應用程式帝國」的入口，是「透過手機與顧客連結」的工具。

　　近來「訂閱」服務會如此受到矚目，也是因為企業期待它能成為「串聯顧客與企業」的平台所致。所謂的訂閱，不單只

---

[1]　譯註：由軟體銀行集團（SoftBank Group）和日本雅虎（Yahoo Japan）在2018年合資成立的行動支付服務公司。

是「付費在一定期間內使用商品、服務」的付費形式，它的本質是要與顧客建立長期的關係。企業要藉由續訂服務來蒐集顧客資訊，再依此「為每位顧客提供合適的商品或服務建議」等，努力優化顧客體驗，而不是像過去那樣「商品賣了就跑」。

企業在擬訂數位轉型策略時，需在當中規劃「如何與顧客連結」，或是「與顧客連結後能發展什麼服務」。

（5）「經營速度」的SINKA

最後是經營速度的進化。企業的競爭力會先展現在經營的速度上，既然如此，那麼企業的數位轉型，也該用來促進經營速度的進化。最理想的，就是像優衣庫（Uniqlo）那樣，推動研發、生產和銷售三位一體的數位轉型。光是導入電商等「只看銷售」的做法，無法加快經營速度。

這裡的重點在於「同步化」。假設現在有一條輸送帶，上面有很多盤子通過，如果請十個人來洗這些盤子，那麼輸送帶就必須配合「洗得最慢」的那個人運轉，其他九個人的動作再快，整體的工作處理速度還是會拖沓、停滯。而「同步化」正是經營速度的根源。讓我們一起找出一套能推動各部門同時加快速度的數位轉型吧！

「DAY 1」精神啟動數位轉型

要執行上述這樣的數位轉型，有一個相當重要的前提條件——那就是要像新創企業那樣，具備講求速度的企業文化。

　　我在《亞馬遜銀行誕生的那一天》這本書當中，探討了新加坡星展銀行的發展，在本書第七章當中也介紹了相關內容。星展銀行正是數位轉型的成功案例，他們用「如果亞馬遜的貝佐斯來經營銀行的話，他會怎麼做？」來思考，成功擺脫了傳統守舊的銀行體制，成為全球最佳數位銀行。在轉型過程中，星展銀行提出了「讓數位化深入公司核心」、「融入客戶旅程」和「改革兩萬兩千位員工，融入新創文化」等極具代表性的關鍵口號。

　　這裡我想強調一個事實：星展銀行也是因為打造出了像新創企業那樣講求速度的企業文化，讓企業脫胎換骨，數位轉型才得以成功。

　　為什麼像新創企業那樣講求速度的企業文化，會是數位轉型不可或缺的關鍵？因為企業要不斷地催生出「改造自我」的創新。

　　只要談到亞馬遜的貝佐斯，就一定會提到「DAY 1」這個詞彙。在這個詞彙當中，蘊涵著「對亞馬遜而言，每天都是創業後的第一天」的訊息。為了不忘這個初衷，貝佐斯徹底重複闡述「DAY 1」，還將設有自己辦公座位的大樓命名為「DAY 1」，連部落格也叫做「DAY 1」。不僅如此，亞馬遜自創立第一年起，每年都會附在年報上的一份致股東函，上面也會寫上「仍在DAY 1」（Still DAY 1）的字樣。

　　為什麼要做到這種地步？因為貝佐斯很清楚，不做到這個地步，就無法常保如新創企業般講求速度的企業文化，更無法實現創新。相反地，在批評「大企業通病」──也就是員工忘記創業

圖表10-5　避免讓亞馬遜進入「Day 2」（大企業通病）的四個法則

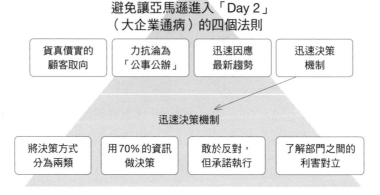

避免讓亞馬遜進入「Day 2」
（大企業通病）的四個法則

| 貨真價實的
顧客取向 | 力抗淪為
「公事公辦」 | 迅速因應
最新趨勢 | 迅速決策
機制 |

迅速決策機制

| 將決策方式
分為兩類 | 用70%的資訊
做決策 | 敢於反對，
但承諾執行 | 了解部門之間的
利害對立 |

（作者根據2017年年報資料編製）

之初的新創精神，而使企業步向衰退的談話脈絡下時，貝佐斯常用到的則是「DAY 2」這個詞彙。

亞馬遜創立逾二十年，已發展成足以爭奪全球總市值龍頭的科技巨擘，但貝佐斯仍強調莫忘「DAY 1」精神。希望各位在仿效上述這些思維，構思數位轉型策略之際，要隨時把「DAY 1」這個詞彙放在心上。

各位任職的企業，是否也和那些今天才剛創立的新創公司一樣，有著講究速度的DNA呢？是否染上了大企業的通病？

即使是員工只有幾十人的小公司，也不乏染上大企業通病，缺乏活力的案例。各位是否滿嘴「都是主管……」、「都是部屬……」，把問題都歸咎在別人身上？與其如此，建議各位不妨捫心自問：我是否還像剛到公司報到那天一樣，懷抱著新鮮的心

圖表10-6　最重要的提問

（作者編製）

情面對工作？每位員工都懷抱著「DAY 1」的精神，找回像新創企業那樣講求速度的企業文化──真正的數位轉型，就從這裡開始。

［用來傾聽顧客心聲的「兩張工作表」］

（1）「理想世界觀」實現工作表

　　圖表10-7是「理想世界觀」實現工作表，它是我在工作坊當中會使用的架構之一。我會用它來分析知名企業的數位轉型策略，或請工作坊學員用它來擬訂自家公司的數位轉型策略。

　　如前所述，數位轉型的本質是「轉型」，尤其是要優化顧客體驗。在這個即將進入人本主義、「人×地球環境」中心主義時代的當口，民間企業既然要發展事業，那麼凡事就都會以「顧客中心主義」為出發點——從這個觀點重新審視自家公司的事業之際，各位也可以使用這張工作表。

　　「理想世界觀實現工作表」是由「現狀課題」對「理想世界觀」，以及「4P」對「4C」這兩組對比所構成。如何克服「現狀課題」，達到「理想世界觀」的境界？為此，該如何將現狀的4P，抽換成4C的概念？這就是「理想世界觀實現工作表」的基本架構。

　　這張工作表的核心是「4P」這一套行銷架構。所謂的4P，就是商品（product）、價格（price）、地點（place）、推廣（promotion），這個概念，最早是由哈佛大學商學院的內爾·波登（Neil Borden）教授，在1964年時於一篇論文中所提出。

圖表10-7　「理想世界觀」實現工作表

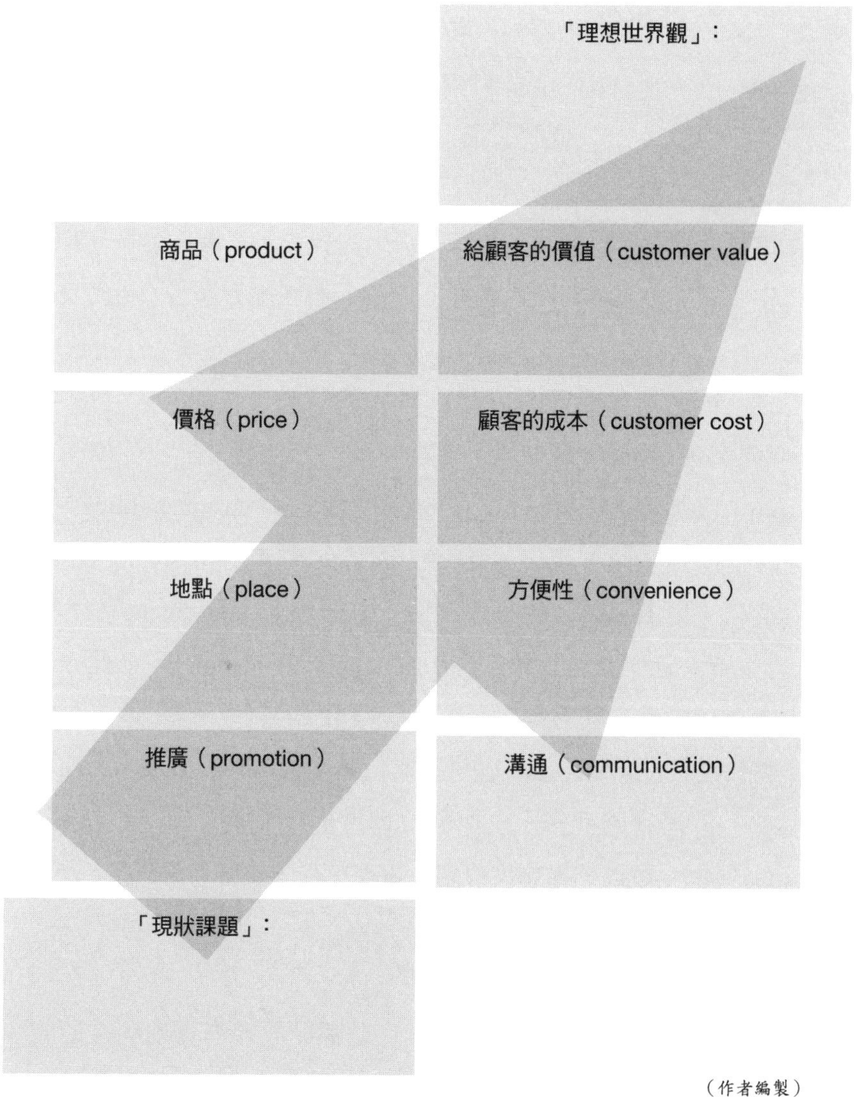

	「理想世界觀」：
商品（product）	給顧客的價值（customer value）
價格（price）	顧客的成本（customer cost）
地點（place）	方便性（convenience）
推廣（promotion）	溝通（communication）
「現狀課題」：	

（作者編製）

而當中的4P，分別是指「賣什麼？」「賣多少錢？」「在哪裡賣？」「要從哪裡得知相關資訊？」這四個項目並非各自獨立的元素，在行銷的世界裡，4P又被稱為是「行銷組合」（marketing mix）。企業在構思行銷計畫時，總會讓這四個P「搭配出一個最理想的形式」、「同時並進」。

　　在企業經營上，4P是行銷戰術的基礎。然而，4P也是站在供應方觀點，對商品、服務所提出的想法。在當今這個追求顧客中心商品、服務的時代趨勢下，4P已有些地方顯得不合時宜。

　　因此，我希望各位在思考4P的同時，也能一併考慮4C。4C是為了從顧客觀點重新定義4P的一套架構。在思考4P的「商品」之際，也一併評估「給顧客的價值」（customer value）；考慮「價格」時，也一併思考「顧客的成本」（customer cost）；評估「地點」時，也一併考慮「方便性」（convenience）；構思「推廣」時，也一併規劃「溝通」（communication）。如此一來，各位就能站在顧客觀點，重新詮釋4P的各個項目，進而找出一些幫助各位判斷「公司該透過數位轉型改革哪些事項」的線索。

　　這裡我們就舉「成功數位轉型的便利商店」——Amazon Go為例，試以「理想世界觀」實現工作表來進行分析。

【現狀課題】：便利商店

　　目前便利商店的優勢，是它們都開設在享有地利之便的地方，正因如此，每逢特定時段，門市裡總是人潮洶湧。此外，在

商品策略等方面，各家便利商店連鎖已陷入同質化競爭的局面。

【理想世界觀】：Amazon Go

靈活運用數位工具和人力，將便利商店的本質「方便×美味」升級，提供「商品拿了就走即可」的方便性，以及「當場手工現做」的美味沙拉、三明治。

接著，讓我們來看看便利商店的4P，會如何與Amazon Go的4C做對比。

便利商店的「商品」，會聚焦在小商圈內購買頻率最高的商品；相對地，Amazon Go的「給顧客的價值」，則是聚焦在能彰顯便利商店本質「方便×美味」升級的商品。

至於便利商店的「價格」，則是以接近定價的價位銷售商品為特色，反映了它絕佳的區位條件和方便性。相形之下，Amazon Go的「顧客的成本」，不僅將價格視為成本，連等待時間也都當作成本來考量，並將顧客的成本撙節到「零等待」的水準。

至於便利商店的「地點」，則是以具地利之便為特色，但這也意味著店裡總是人潮洶湧。而Amazon Go的「方便性」，則是已經升級到「商品拿了就走即可」＝「零擁擠」的地步。

便利商店的「推廣」，是以大量操作電視廣告等傳統的推式行銷策略為特色。而Amazon Go的「溝通」，不僅做到單向的資訊傳播，還憑專用應用程式入場、結帳，甚至還做到資訊交流互動，等於是透過數位工具和顧客連結；此外，就連店裡的發票，

圖表 10-8 「理想世界觀」實現工作表的範例（Amazon Go）

「理想世界觀」：Amazon Go
靈活運用數位工具和人力，將便利商店的本質「方便 × 美味」升級，提供「商品拿了就走即可」的方便性，以及「當場手工現做」的美味沙拉、三明治

商品（product）
小商圈內購買頻率最高的商品

給顧客的價值（customer value）
將便利商店的本質「方便 × 美味」升級

價格（price）
區位好又方便，故可以接近定價的價格銷售

顧客的成本（customer cost）
不僅將前往便利商店的時間視為成本，連在便利商店等待的時間，也當作成本來考量

地點（place）
開設在享有地利之便的地方，故尖峰時段總是人潮洶湧

方便性（convenience）
將便利商店的方便性升級到「商品拿了就走即可」的境界

推廣（promotion）
大量操作電視廣告等傳統的推式行銷策略

溝通（communication）
憑專用應用程式入場、結帳，還有資訊往來等，都是透過數位工具與顧客連結

「現狀課題」：便利商店
開設在享有地利之便的地方，故尖峰時段總是人潮洶湧。在商品策略等方面，已陷入同質化競爭的局面

（作者編製）

也是以電子形式存在專用的應用程式裡。

　　就像這樣，利用「理想世界觀」實現工作表，就能將4P重新詮釋，調整為從顧客觀點出發的4C，更能藉此找到將整個事業翻新成顧客觀點的線索。

（2）「顧客旅程 × 數位轉型」工作表

　　圖表10-9也是我在工作坊中會用到的架構，它呈現的是在數位轉型策略當中，三種顧客旅程的發展流程。

　　在這當中，最重要的就是位在左側的「傾聽顧客的心聲」、

圖表10-9　「顧客旅程 × 數位轉型」工作表

（作者編製）

「研發商品」（invent）、「客製化」、「參與」（engage）的流程。尤其「傾聽顧客的心聲」更是所有事業的起點，是重中之重的一項。

　　如果再以亞馬遜為例，那麼這裡所謂的「顧客心聲」，應該就是他們的「低價×豐富品項×迅速配送」了吧。如前所述，顧客對顧客體驗的要求年年攀升，但貝佐斯仍表示：「不論是過去、現在或十年後，消費者對低價、豐富品項和迅速配送的需求，應該都不會改變。」

　　亞馬遜早在創業之初，就已體認到「低價×豐富品項×迅速配送」的重要性——這一點相當關鍵。圖表10-10據說是貝佐斯在亞馬遜創業之初，畫在餐巾紙上的一張商業模式圖。簡而言之，「品項越豐富，顧客體驗就會越好」；顧客體驗越好，「流

圖表10-10　亞馬遜的商業模式

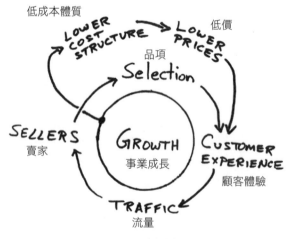

（資料來源：亞馬遜企業網站，日文為作者翻譯）

量就會增加」（有越來越多人聚集）。如此一來，「想賣東西的賣家就會蜂擁而至」；賣家蜂擁而至，就會讓品項變得更豐富，顧客體驗變得更好——貝佐斯想藉此表達：這就是亞馬遜的成長循環。而圖中也顯示「低價」是顧客體驗的前提。

　　由於這是在亞馬遜創立之初所寫的內容，故是以「經營網路書店的Amazon.com」為前提的商業模式。不過，在亞馬遜日後發展出來的各項事業當中，也都貫徹了以顧客體驗為核心的「低價、豐富品項、迅速配送」這一套價值觀。

　　「若能以和亞馬遜同樣的水準，找出顧客真正想要的需求，那就表示它足堪成為構成商業模式的核心要素」這句話，透露了其他事業也都以顧客體驗為核心的事實。而它也是為什麼企業在思考數位轉型之際，懂得「以傾聽顧客的心聲為入口」會這麼重要的原因。

　　亞馬遜更了不起的一點，就是他們還把這三個項目當作「任務」。這裡所謂的「任務」，是以發表「創新的兩難」聞名的哈佛大學教授克雷頓・克里斯汀生（Clayton Christensen）所提出的「用途理論」為基礎。「用途理論」的內容，是在闡明顧客購買商品或服務時的機制，其要點在於「人都是為了解決自己當前的問題＝任務而購買商品」。而克里斯汀生教授在他的著作中也曾提過「亞馬遜是我的主顧」。

　　「我將任務定義為『人在某特殊情況下想追求的進步』，重點在於我們要去理解『顧客為什麼會做出那個選擇』。我刻意選了『進步』這個詞彙，以呈現人朝終點邁進的動作。任務是引發

進步的過程，而不是一個獨立事件。而進步往往是以『費盡千辛萬苦，解決特定問題』的形式呈現，但這只是其中一種型態，也有不費吹灰之力、沒有特定問題的任務。」〔《創新的用途理論：掌握消費者選擇，創新不必碰運氣》（*Competing Against Luck: The Story of Innovation and Customer Choice*）；繁中版由天下雜誌出版，日文版由日本柯林斯出版公司出版〕

「亞馬遜自創業之初，就一直都專注在解決顧客任務的三大要點──豐富品項、低價和迅速配送，還為了實現這三大要點而整頓處理流程，並在流程中加入了監控功能，以分鐘為單位，偵測這三大要點的達成狀況。最終目標是要解決顧客的任務，而所有流程環節都是從這個終極目標回推後，所設計出來的。」（出處同前）

如前所述，亞馬遜有一股對「大膽願景和迅速PDCA」的堅持。它其實是「以百年為單位的超長期思維」和「以日為單位的超短期思維」的結合，不過從克里斯汀生教授的這段描述看來，亞馬遜其實還執行「以分鐘為單位的PDCA」。亞馬遜對豐富品項、低價和迅速配送的堅持，就是這麼堅定。「傾聽顧客的心聲」──企業想做的一切，都要從掌握顧客的需求開始做起。就連全世界最強大的企業亞馬遜，也是如此。

擬訂大膽數位轉型策略時的「十二項重點」

　　接下來，我想簡單說明這個「擬訂大膽數位轉型策略工作坊」，究竟要讓學員留意哪些策略擬訂重點。

（1）包括「提供更出色的商品、服務」在內，數位轉型策略在每個層級都要成為高明的策略

　　數位轉型策略其實是一套用來升級企業本質的做法，因此它要為公司裡的每一個領域都帶來改變，否則就不能算是有效。

　　舉例來說，「依規格書內容提供產品、服務」也許的確是工作上的首要之務，畢竟連這一點都不能做到的話，事業就無法成立。然而，企業如果只做這個層級的工作，到頭來一定會捲入同業的價格戰，弄得精疲力竭、人仰馬翻。因此，我們要懂得一點一滴累積價值，朝更高的層級邁進，就像以下這樣：

　　「提供更優質的商品、服務」。
　　「為事業上的需求做出貢獻」。
　　「為策略上的需求做出貢獻」。
　　「為存在意義和使命上的需求做出貢獻」。

　　我們的目標，是要讓數位轉型策略在上述每個層級都成為高

明的策略。

（2）以「犀利、受人喜愛又獨特，直擊本質且具震撼力」的策略為命脈

　　為實現企業所提出的願景，數位轉型策略應以戰略性的方式來擬訂。此時最需要的，是像美國、中國科技巨擘的數位轉型那樣，提出能讓公司事業從本質上全面升級且具震撼力的策略。那些花拳繡腿、人人都想得到的改變，稱不上是數位轉型。

　　此外，我希望各位要以「犀利、受人喜愛又獨特」的策略為目標。它們是人稱品牌經營的三要素，但其實在數位轉型上也很重要，想爭取顧客的肯定、共鳴時，希望各位特別留意。若只求「犀利、受人喜愛」的話，說不定只要模仿一下其他企業正在做的事即可，但這樣一點意義都沒有；而只求「犀利」的話，則恐怕很難引起顧客的共鳴。「犀利、受人喜愛又獨特」三者齊備的策略，才有助於提升品牌價值、顧客價值與員工價值。

（3）對自家公司事業的哲學、想法、堅持、使命、願景和價值瞭若指掌，並據此擬訂策略

　　如果各位自己就是公司的經營者，或許對事業的哲學、想法、堅持、使命、願景和價值都能瞭若指掌。然而，有時企業對這些並不重視，以致於第一線的員工根本不了解，或甚至實際內容與企業網站上的描述有出入。

　　經營者心中的哲學、想法、堅持、使命、願景和價值，是企

業的根基。要據此擬訂相關策略，才能成功發動數位轉型，帶動
事業本質進化。

（4）從自家公司事業的本質切入

　　我再三強調，數位轉型就是在為事業本質升級，因此各位在
擬訂策略前，必須先認清自家事業的本質。

　　這時要運用的是「定位圖」。我給「定位」（positioning）的
定義是「在顧客的心目中、腦海裡和精神上，描繪出自家企業、
產品或服務的樣貌」。而在畫定位圖時，縱軸與橫軸各會是什麼
呢？最重要的，是要找出能讓自家企業落在圖表「右上」位置的
那兩個項目，來放在縱、橫兩軸上。在和其他競爭者比較時，它
們是消費者願意給各位的公司較高評價的項目，也就是事業的本
質所在，更是企業該透過數位轉型推動進化的重點事項。

（5）為求徹底了解自家企業、競爭對手、顧客與市場
　　而努力

　　說穿了，其實「為求徹底了解自家企業、競爭對手、顧客與
市場而努力」，就是所謂的3C分析。學生在商學院要學習各種
五花八門的分析架構，但如果只能選用一種的話，我會選擇3C
分析，可見它有多麼舉足輕重。而在擬訂數位轉型策略時，當然
也可以使用3C分析。說得更具體一點，我們要分析的項目，就
是市場／顧客（customer）、競爭者（competitor），以及自家企
業（company）。而在分析過後，結果就是可找出一套能作為自

家企業強項，又有機會能戰勝競爭者，還能贏得顧客肯定的數位轉型策略。

（6）徹底研究經營者的發言內容，並加以分析

　　如果負責擬訂數位轉型策略的當事人就是經營者，或許可以忽略這項重點。如果不是，就要徹底研究經營者曾對外發表過什麼談話，以及有什麼想法等，以釐清經營者的哲學、堅持和想法。要是各位提出的數位轉型策略沒有訴求到這些內容，那麼被駁回也怨不得人。

（7）落實「以包括亞馬遜在內的美、中八大科技巨擘為標竿」，並且明白地寫下自己所擬訂的大膽策略，是否真的應用了這些參考指標

　　在本章當中，我曾多次以亞馬遜、貝佐斯為例，但其實我更希望各位以美國、中國的八大科技巨擘為標竿。所謂的八大科技巨擘，就是指美國的GAFA（谷歌、亞馬遜、臉書、蘋果），和中國的BATH（百度、阿里巴巴、騰訊、華為）。建議各位不妨多學習這些企業究竟是如何將事業本質數位化。以下謹列舉這些企業值得關注的重點項目，供各位參考。

　　亞馬遜：學習亞馬遜如何在事業當中，實現「顧客中心主義」這項企業使命和願景，以及「顧客體驗」這項與顧客中心主義一體兩面的堅持。

谷歌：學習谷歌如何利用數位化來整理資訊，並將這些資訊
　　　化為營收來源。

蘋果：參考蘋果如何在數位化的洪流之中，為目標客群提供
　　　生活型態、生活樣貌方面的建議方案。

臉書：參考臉書如何透過數位化來串聯人和組織。

阿里巴巴：學習阿里巴巴如何將數位化當作一項強大的武
　　　　　器，建構出中國社會的基礎設施，並以金融事業
　　　　　為出發點，擴大事業版圖。

騰訊：學習騰訊如何透過數位化，提高生活服務的水準。

百度：學習百度如何透過數位化來化繁為簡。

華為：學習華為運用次世代通訊的5G系統，實現了哪些服
　　　務。

　　除了試想「貝佐斯會怎麼想？」之外，請各位也務必思考看
看：「如果這些科技巨擘的老闆來帶領我這家公司，他們會怎麼
做？」它是幫助各位玩出大膽創意的一項訣竅。

（8）留意自己是否根據研究、調查做出分析、評價，並依此擬出策略

　　想擬訂出合理的策略並落實執行，關鍵在於徹底的分析與評
價，而且還要充分掌握量化分析和質性分析才行。

　　一般而言，量化分析是用來分析可以數字呈現的元素，而質
性分析則是分析無法以數字呈現的元素，是兩種相對的手法。不

過，只要按部就班，確實做好分析、評價，那麼量化分析和質性
分析，甚至是專家的直覺，結論都會趨於一致。若無法趨於一
致，就應視為是當中某項分析不足，或是還有些說不通的地方，
並繼續徹底分析、評價下去，直到結論有共識為止。

（9）徹底探究自己是否擬出了一套「先射箭再畫靶」的策略？或「這真的是用分析結果導出的策略嗎？」

　　這個重點其實和（8）也相關。很多企業組織在面對課題、
問題時，往往會做出「先射箭再畫靶」的反應，例如「競爭對手
C公司降價了，那我們公司也馬上跟進」，就是沒有確實掌握、
分析問題的原因和本質，便盲目投向「降價」策略的做法。凡事
都要先分析，在數位轉型的路上也是一樣，別忘了要先從「研
究、調查」和「分析、評價」切入。

（10）小心別擬訂出一套能讓競爭對手如法炮製的策略

　　我想再次強調「犀利、受人喜愛又獨特」的重要。其他企業
已在操作的策略，再怎麼跟風模仿都沒有意義；另一方面，如果
是其他競爭對手馬上就能抄襲的內容，那麼各位就應該把它們當
作是配不上自家公司的數位轉型策略。

（11）重新體認自己必須懷抱大膽的願景，並且用自己的方法，將願景反映在數位轉型策略上

　　想擬訂出大膽的數位轉型策略，就必須懷抱大膽的願景，就像懷抱「DAY 1」精神一樣重要。各位懷抱著什麼樣的人生觀、人類觀、歷史觀、世界觀？又是帶著什麼樣的目標走在這條人生路上？這些想法越是大膽，各位就越能擬訂出大膽的數位轉型策略。

（12）不斷問自己「別人想從我們身上得到什麼？」「為了什麼而做？」並隨時牢記目的與使命

　　這場紙上工作坊，各位覺得怎麼樣呢？實體工作坊是每堂三小時的課程，學員都要花好幾倍的時間準備和複習。

　　而在一期八堂的課程當中，除了數位轉型策略之外，還會進行策略與行銷、領導等課程。課程中還會用我於2018年由NHK出版的著作《「使命」將成為你的武器》（「ミッション」は武器になる）當作指定閱讀書目，請每位學員製作個人使命宣言，在課堂上彼此分享、發表。

　　連領導統御和使命都要請學員分享，其實是有原因的。全程逾三個月的工作坊，到最後要實際為自家公司擬訂一份精闢的「大膽數位轉型策略」，並進行發表。而要達成這個任務，學員必須將個人使命、願景、職涯規劃等，推升到更大膽的層次。想要「建構大膽的數位轉型策略」，學員本人的策略擬訂和邏輯思

考能力就必須進化、翻新（update）。在此同時，學員想上完這八堂課程，也必須升級自己的使命和領導統御能力才行。

　　我想這段話並不只是在課程裡適用，對於每一位有心想執行數位轉型的上班族，應該也都適用。對你來說，「DAY 1」指的是什麼時候？而你今天是否也抱著「DAY 1」的心態，用凡事新鮮且虛懷若谷的心情渡過？

　　要執行大膽的數位轉型策略，就必須在企業組織當中翻新企業文化，注入像新創企業那樣講求速度的DNA。而這個企業組織的領導者也必須為了實現轉型，而抱持著「DAY 1」的心態推動日常業務。

結語

　　前面我針對八家分屬不同領域但都「最先進」的企業，做了一番詳細的分析。若要說這八家企業有什麼共通之處，那麼它們最大的共通點，就是在數位轉型上的努力。這八家企業所做的，都不只是虛有其表的、一時的改革，而是透過數位轉型，來讓事業的本質或顧客體驗持續升級，以促進企業的成長。

　　而這八家企業的差異，應該可以說是在「數位 × 環保 × 公平」方面，都各自做了不同的耕耘。不論是在進度狀況、使命感與堅持、聚焦的重點等方面，都各異其趣，輕重緩急各有不同。不過，我認為今後重要性會持續攀升的，依舊是「數位 × 環保 × 公平」。

　　目前在全球企業的總市值爭霸戰當中，蘋果、微軟和亞馬遜這三家企業拚得你死我活、互不相讓。最後決定這三家科技巨擘勝敗的關鍵，我想應該也會是它們在「數位 × 環保 × 公平」上的作為。

　　其中又以「環保 × 公平」最是重中之重，為什麼會這樣說？因為推動「環保 × 公平」的相關措施，已逐漸成為對人類消費行為，甚至是企業營收影響甚巨的關鍵因素。

行動主義提出的「正當主張」

　　當前社會有一股被稱為「○○行動主義」的巨大潮流。「行動主義」一詞來自英文的「activism」，也有人譯為「積極主義」。舉凡股東行動主義（shareholder activism）、ESG行動主義、消費行動主義等，都是想透過○○來改革社會，讓社會變得更美好的作為。

　　當中最為人所熟知的，應該是「股東行動主義」。它的意思，是指股東積極發揮對企業經營上的影響力，當個「積極股東」（activist shareholder）。在日本，說到「積極股東」，總會讓人聯想到「外資基金公司併吞、攻擊日本企業」等負面印象。其實「行動主義」本來並不是個負面詞彙，而股東行動主義也是一樣，過度激進的行為固然應該受到譴責，但「積極股東」反倒是股東該有的樣貌。機構投資人的行動準則「盡責管理守則」（Stewardship Code）也要求投資人應該合理地當個「積極股東」。

　　實際上，也有企業高舉「行動主義」大旗，積極從事各項活動，以期能讓世界變得更好，例如跨國戶外用品品牌巴塔哥尼亞（Patagonia），就是一家在積極投入地球環境問題，並獲得各界高度肯定的企業。巴塔哥尼亞自詡為「體育行動主義」，串聯體育和行動主義，積極以體育改變社會、改變環境，甚至還提撥1%的營收，投注在自然環境的保育、復育等，讓商業利益直接連結到環保上。

Z世代重視「企業價值觀與世界觀」的消費行為

這裡我想請各位特別留意的是消費行動主義。所謂的消費行動主義，一如字面上所示，是希望能透過消費來改變社會的一股趨勢。

而帶起這一波消費行動主義風潮的，是1990年代中期以後出生的「Z世代」年輕族群。常有人指出這個世代的特色是數位原生、社群原生，以及環保意識高昂等，不過更重要的，其實是他們這一代「天生就具備尊重多元與個別特質的價值觀」這個事實。尤其是美國的Z世代，白人占比不如其他世代高，其他非白人族群的人數，甚至已比白人更多。

而這些Z世代如今已成為市場消費的要角，期盼能透過自己的消費行為來改變社會，例如目前已有積極選購尊重多元價值的企業產品或服務（buycott），反之則拒買（boycott）的趨勢。Z世代並不打算像以往的那些世代，只以功能和價格作為選購產品或服務的標準，因此企業所提出的價值觀和世界觀能否引起共鳴，左右著他們的消費行為。

其中，Z世代對於「環保×公平」尤其關注。既然如此，企業就再也無法忽視「環保×公平」的因素——畢竟它已是贏得「Z世代」這群消費要角青睞的必備條件。輕忽「環保×公平」的企業，遲早難逃被淘汰的命運。

日本需要的是「國家整體的宏觀規劃」

不過，光靠企業各自努力，要實現「數位×環保×公平」恐怕曠日費時，也很難成為大規模的主流運動。舉例來說，就如豐田汽車的豐田社長所言，「政府必須在能源政策方面做出相當大的變革，否則將很難達成碳中和」，這的確是不爭的事實。

我在「前言」當中也曾提過，屬於傳統製造業的博世公司，在2020年時，已於全球四百個據點達成碳中和，是相當驚人的壯舉。這些固然是博世本身的願景和企業自行努力的成果，但「德國的能源政策×產業政策」這個背景因素，也不容忽視。

德國從幾年前起，就以「工業4.0」為號召，在以「運用數位化推動製造業創新」為目標的同時，也致力推動「擴大運用再生能源和去碳化」。目前德國使用再生能源的發電成本，已低於燃煤火力發電。他們的目標是要做到「能源邊際成本歸零社會」，也就是推動一個傾全國之力撙節能源成本，進而提升製造業乃至國家競爭力的超長期計畫。而博世在企業界當中，正是工業4.0的代名詞。

像博世這樣的傳產企業能搶先達成碳中和，是因為背後有國家級的宏觀規劃，和超長期的能源政策×產業政策支持。若單憑博世一家企業的努力耕耘，恐怕終究還是難以成就大業。附帶一提，包括德國在內，歐洲各國在「環境正義」（environmental justice）的名目下所推動的氣候變遷對策，也成了博世成功轉型的助力。

圖表11-1　德國製造業是「去碳」急先鋒

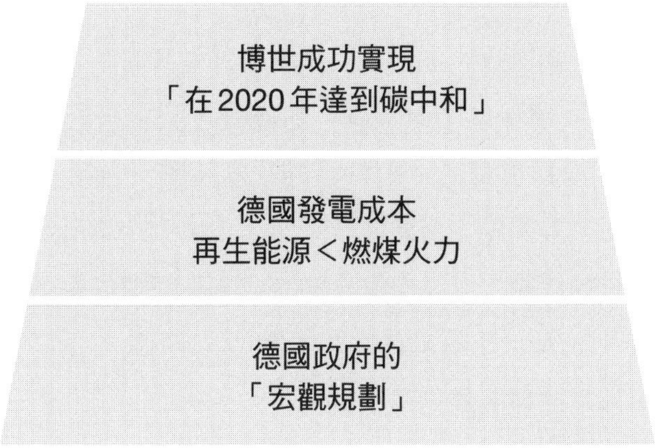

> 博世成功實現
> 「在2020年達到碳中和」
>
> 德國發電成本
> 再生能源＜燃煤火力
>
> 德國政府的
> 「宏觀規劃」

（作者編製）

　　同樣地，當前日本需要的，想必就是這種國家級的宏觀規劃。所謂的宏觀規劃，是以世界觀、歷史觀為基礎，從綜觀大局的恢宏觀點出發，勾勒出國家、社會、商業、企業該有的樣貌，並且明白地指陳它們的整體形象和構成要素。

　　徹底思考「現在世界處於什麼狀況？我們在國家、社會和業界處於什麼樣的位置？」「我們被賦予什麼角色／應發揮的功能是什麼？」「在這個角色功能之下，我們該做什麼？」再將答案化為產業政策及能源政策等形式，提出明快的方向。

　　日本的人口不斷減少，人口結構大幅改變，社會上沉悶困頓的感覺日漸嚴重。光是重新研擬一些花拳繡腿的戰術或措施，根本不足以在個體經濟層面讓企業組織和個人長期繁榮發展，並對社會有所貢獻。政府不僅要提出策略和願景，還要重新找出一套

包括策略、願景在內的宏觀規劃，並透過真正的創新，開創出嶄新的價值。

　　日本有菅義偉政府上台，美國則有拜登政府執政。兩者都打出了「數位 × 環保」的政策牌，也關注「公平」的發展，政府絕不能讓它淪為雷聲大、雨點小的短線趨勢。各家企業也是一樣，現在正是該勾勒一份宏觀規劃，呈現自家企業所屬產業在長遠未來該有的樣貌，以及自家企業該成為什麼樣的企業，又該為何而生存。我衷心期盼，日本在「數位 × 環保 × 公平」方面，能出現引領全球發展的先鋒企業。

2021 年 5 月

田中道昭

新商業周刊叢書BW0804

引爆趨勢8大巨頭未來策略

從Apple Car、亞馬遜智慧工廠到微軟混合實境，提前掌握即將撼動所有產業的科技趨勢

原 文 書 名／世界最先端8社の大戦略「デジタル×グリーン×エクイティ」の時代
作　　　者／田中道昭
譯　　　者／張嘉芬
編 輯 協 力／李 晶
責 任 編 輯／鄭凱達
企 畫 選 書／鄭凱達
版　　　權／吳亭儀
行 銷 業 務／周佑潔、林秀津、黃崇華、賴正祐、郭盈均

總 編 輯／陳美靜
總 經 理／彭之琬
事業群總經理／黃淑貞
發 行 人／何飛鵬
法 律 顧 問／台英國際商務法律事務所　羅明通律師
出　　　版／商周出版
　　　　　　臺北市104民生東路二段141號9樓
　　　　　　電話：(02) 2500-7008　傳真：(02) 2500-7759
　　　　　　E-mail: bwp.service @ cite.com.tw
發　　　行／英屬蓋曼群島商家庭傳媒股份有限公司　城邦分公司
　　　　　　臺北市104民生東路二段141號2樓
　　　　　　讀者服務專線：0800-020-299　24小時傳真服務：(02) 2517-0999
　　　　　　讀者服務信箱E-mail: cs@cite.com.tw
　　　　　　劃撥帳號：19833503　戶名：英屬蓋曼群島商家庭傳媒股份有限公司城邦分公司
訂 購 服 務／書虫股份有限公司客服專線：(02) 2500-7718；2500-7719
　　　　　　服務時間：週一至週五上午09:30-12:00；下午13:30-17:00
　　　　　　24小時傳真專線：(02) 2500-1990；2500-1991
　　　　　　劃撥帳號：19863813　戶名：書虫股份有限公司
　　　　　　E-mail: service@readingclub.com.tw
香港發行所／城邦（香港）出版集團有限公司
　　　　　　香港灣仔駱克道193號東超商業中心1樓
　　　　　　電話：(852) 2508-6231　傳真：(852) 2578-9337
馬新發行所／城邦（馬新）出版集團
　　　　　　Cite (M) Sdn. Bhd.
　　　　　　41, Jalan Radin Anum, Bandar Baru Sri Petaling, 57000 Kuala Lumpur, Malaysia.
　　　　　　電話：(603) 9057-8822　傳真：(603) 9057-6622　E-mail: cite@cite.com.my

封 面 設 計／萬勝安
印　　　刷／鴻霖印刷傳媒股份有限公司
經 銷 商／聯合發行股份有限公司　電話：(02) 2917-8022　傳真：(02) 2911-0053
　　　　　　地址：新北市新店區寶橋路235巷6弄6號2樓

■ 2022年8月4日初版1刷
■ 2022年12月13日初版2刷　　　　　　　　　　　　　　Printed in Taiwan

國家圖書館出版品預行編目（CIP）資料

引爆趨勢8大巨頭未來策略：從Apple Car、亞馬
遜智慧工廠到微軟混合實境，提前掌握即將撼動
所有產業的科技趨勢／田中道昭著；張嘉芬譯.
－ 初版.－ 臺北市：商周出版：英屬蓋曼群島商
家庭傳媒股份有限公司城邦分公司發行，2022.08
面；　公分.--（新商業周刊叢書；BW0804）
譯自：世界最先端8社の大戦略：「デジタル×
グリーン×エクイティ」の時代
ISBN 978-626-318-342-1（平裝）

1.CST: 企業經營　2.CST: 大型企業
3.CST: 個案研究
494　　　　　　　　　　　　　　111009194

線上版讀者回函卡

城邦讀書花園
www.cite.com.tw

定價480元　　　　　　　　版權所有·翻印必究
ISBN：978-626-318-342-1（紙本）　ISBN：978-626-318-341-4（EPUB）